I0046538

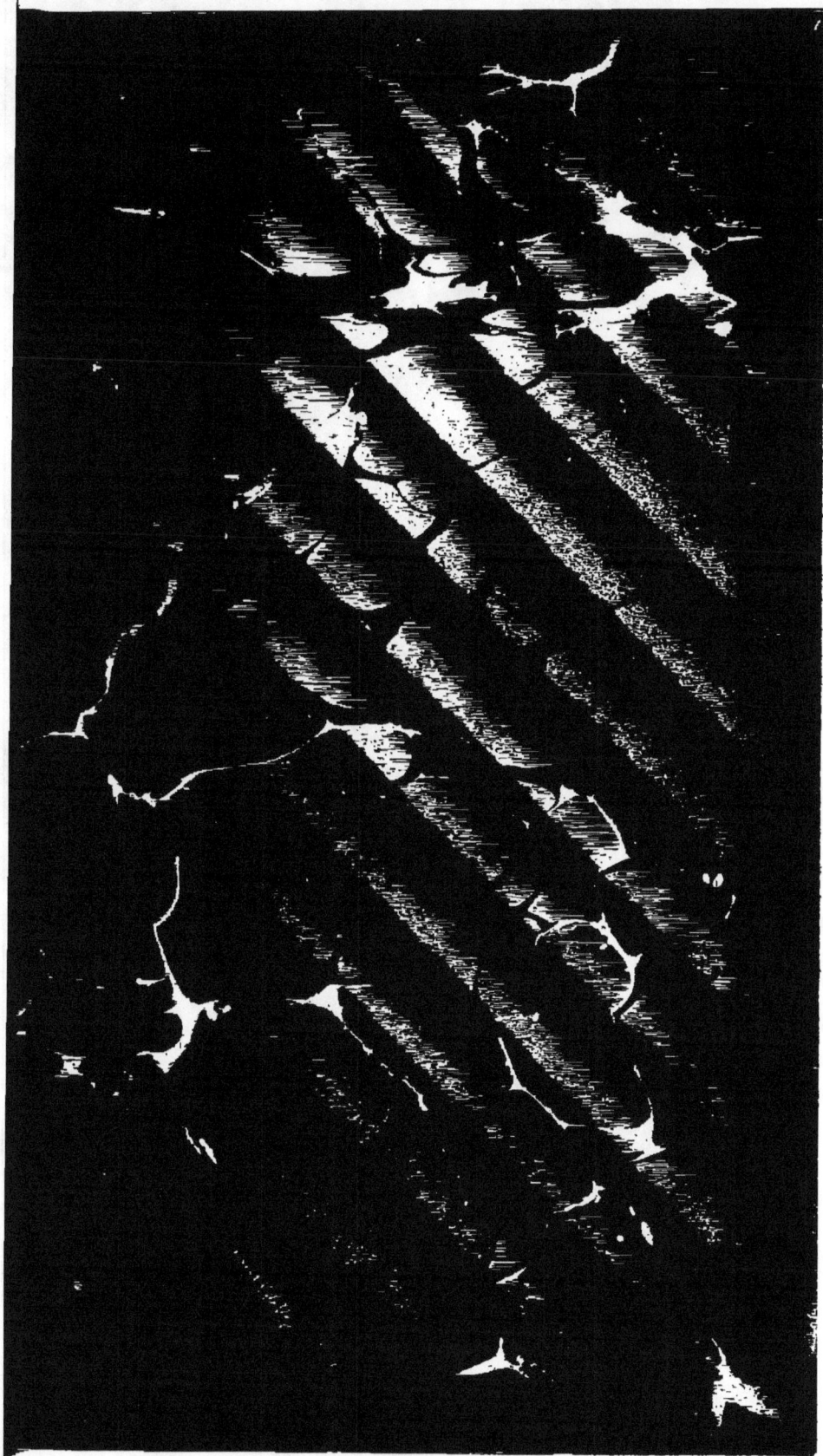

LETTRES

SUR LA

CRÉATION TERRESTRE

OU

EXPOSÉ SOUS FORME FAMILIÈRE

Des principaux faits relatifs à la constitution générale du Globe

ET

A L'ÉCONOMIE DE LA NATURE

PAR LE D' PH. DE FILIPPI

Directeur du Musée zoologique de Turin, professeur à l'Université,
membre de l'Académie royale des Sciences, etc., etc.

Traduites et annotées

PAR ARMAND POMMIER

Traducteur du *Déluge de Noé*, ouvrage du même auteur, des
Scènes de l'Histoire naturelle, de P. Lioy.

———

PARIS

LIBRAIRIE CENTRALE DES SCIENCES

LEIBER ET FARAGUET, ÉDITEURS,

RUE DE SEINE, 13;

—

1859.

LETTRES

SUR LA

CRÉATION TERRESTRE

LETTRES

SUR LA

CRÉATION TERRESTRE

OU

EXPOSÉ SOUS FORME FAMILIÈRE

Des principaux faits relatifs à la constitution générale du Globe

ET

A L'ÉCONOMIE DE LA NATURE

PAR LE Dr PH. DE FILIPPI

Directeur du Musée zoologique de Turin, professeur à l'Université
membre de l'Académie royale des Sciences, etc., etc.

Traduites et annotées

PAR ARMAND POMMIER

Traducteur du *Déluge de Noé*, ouvrage du même auteur, des
Scènes de l'Histoire naturelle, de M. P. Lioy, etc.

PARIS

LIBRAIRIE CENTRALE DES SCIENCES

LEIBER ET FARAGUET, ÉDITEURS,

RUE DE SEINE, 13.

—

1859.

Droits de reproduction et le traduction réservés.

1859

BEAUNE. — IMP. LAMBERT, GRAND'RUE, 40.

A Madame la Comtesse

GABARDI BROCCHI, née ISABELLA ROSSI

(Florentine)

Poète très-illustre.

CETTE TRADUCTION EST DÉDIÉE

Par son très-humble serviteur et ami,

Armand POMMIER.

PRÉFACE.

—

L'auteur de ces Lettres, écrites à de longs in-
tervalles, aux heures de loisir, avec l'intention
de ne les pas laisser sortir du cercle de la famille, se proposait d'exposer le motif pour lequel il les livre à la publicité. Mais il vit bientôt
qu'il ne pourrait le faire sans agiter la question
de savoir si l'enseignement des sciences naturelles doit entrer dans un cours destiné à com-
pléter l'instruction des jeunes personnes. — Or,
c'est un point qui, selon lui, ne mérite pas d'être
discuté.

L'aptitude de la femme pour l'étude des
sciences naturelles est, en effet, suffisamment
démontrée par des faits éclatants; on pourrait
citer la fille de Linné, la sœur d'Herschell, Ma-
rie-Sibylle Mérian; — plus près de nous, la belle
intelligence de Marie Sommerville, et bien

d'autres exemples. La convenance, l'utilité pour tous de connaître quelque peu le monde physique — dans lequel et duquel nous vivons, — ne pourrait être contestée par personne ; mais plus grand encore, incomparablement plus grand est l'avantage moral de ces études qui développent l'esprit d'observation, enrichissent l'intelligence, font naître dans le cœur les plus nobles sentiments, et, par l'échelle des êtres organisés, élèvent la raison jusqu'au culte de Dieu.

Les sciences naturelles sont parvenues à un point tel, qu'elles ne peuvent plus rester renfermées dans les secrets réduits des palais académiques : — le *vulgaire profane* en réclame sa part. L'héritage d'un préjugé, l'acquisition d'une erreur lui coûte autant de peine que la possession de solides connaissances. Si les savants secondent et dirigent ce goût et ce désir presque instinctif de savoir, il n'en résultera que du bien.

Selon quelques personnes, la science perd son caractère lorsqu'elle tend à se faire populaire. Cela est vrai sous certains rapports ; mais il importe de distinguer dans la science le système de moyens analytiques qu'elle emploie, des découvertes auxquelles elle arrive; le chemin de la vérité,— chemin long et difficile,— de la vérité elle-même qui est de sa nature simple et compréhensible. Plus l'exposition de ces découvertes, de ces vérités, sera mise à la portée des esprits ordinaires, plus elle sera utile à la science, puisqu'elle lui conciliera l'estime d'un plus grand nombre et lui gagnera des partisans; — mais il est bien entendu que la culture des sciences exige de ceux qui s'y livrent autre chose que de ceux qui veulent simplement s'initier à leurs résultats.

L'auteur de ces Lettres a fait tous ses efforts pour disposer son sujet dans un ordre méthodique; mais il est loin d'offrir son œuvre comme un modèle à suivre dans un cours classique. Il a voulu faire un simple livre de lecture; et ses vœux seront comblés s'il réussit à éveiller chez les personnes auxquelles il s'adresse, l'amour des exercices utiles de l'esprit, s'il les voit remplacer par des occupations scientifiques un goût futile pour des lectures vaines, quand elles ne sont pas pernicieues.

LA CRÉATION TERRESTRE.

LETTRES A MA FILLE.

LETTRE PREMIÈRE.

I. Forme de la terre. — II. Son premier état de fluidité. — III. Le feu central. — IV. Sa totale extinction. — V. Climat uniforme du globe aux époques primitives.

I. En vain Christophe Colomb, animé d'une étincelle divine, mais pauvre et dédaigné, voulut-il persuader aux docteurs de *Salamanque* qu'on pouvait aller aux *Indes* en faisant voile par l'ouest. La science de son temps lui était contraire. Personne alors ne mettait en doute que la terre ne fût un plan incommensurable couvert par la voûte céleste parsemée d'astres, comme le cadran d'une montre par son verre.

Les hommes mêmes qui avaient passé leur vie dans la méditation et dans l'étude, respectaient cette croyance traditionnelle, alimentée chaque jour par l'illusion propre à toute personne qui du haut d'une montagne juge la surface de la terre par l'horizon très-borné qu'elle a sous les yeux.

Voilà, ma chère fille, un grand exemple qui te démontre combien l'apparence d'une chose peut se trouver différente de la réalité ; comment l'espèce de fascination causée par la première a retardé parfois la connaissance de la seconde. Sans trop de peine, chacun reconnaît aujourd'hui l'erreur qui, pendant si longtemps enchaîna l'esprit humain. Tu en fus préservée en recevant les premiers éléments de la science, et tu comprends aisément que la forme de la terre est à peu près celle d'une boule ou d'une sphère. La lune illuminée, comme la terre, par le soleil, et qui s'éclipse par la projection de l'ombre terrestre sur sa face, nous montre que la figure de cette ombre est circulaire. Un vaisseau, aperçu d'une grande distance en mer, ne s'offre pas à notre vue soudainement et tout entier ; mais d'abord nous voyons le sommet de ses voiles et de ses pavillons, puis graduellement nous apparaît tout le reste ; d'où on infère que la surface de la mer est convexe, et à peine peut-òn la considérer comme plane lorsqu'elle est renfemée dans d'étroites limites. Bien des navigateurs, suivant l'exemple de Magellan, ont fait voile d'un port dans l'apparente direction d'une ligne droite, et à la fin du voyage se sont retrouvés près du lieu d'où ils étaient partis. — La terre est donc certainement un globe ou une sphère (1).

Ce globe, comme tu le sais, n'est soutenu en aucun point par rien de solide; il est suspendu dans l'espace et doué de deux mouvements : — l'un de translation, par lequel il décrit une orbite autour du soleil et dont provient la succession des saisons; — l'autre de rotation sur son axe, et par lequel sont produites les alternatives du jour et de la nuit. En raison de ce dernier mouvement, chaque point de la surface terrestre, — excepté naturellement ceux correspondant aux

(1) Voilà quelques indications sur les dimensions, densité et poids du globe terrestre :
Longueur du rayon équatorial. . . 6,376,986 mètres.
   —   du rayon polaire . . . . 6,356,324 —
Différence entre l'un et l'autre . . 20,662 —
Extension de la superficie, 5,094,321 myriamètres carrés.
Volume, 1,079,235,800 myriamètres cubes.
Poids absolu, 6,259,534 milliards de milliards de kilogrammes.
En supposant ce globe formé seulement d'eau, il pèserait environ cinq fois moins.

pôles, — décrit dans le court laps de vingt-quatre heures un cercle complet.

Si maintenant tu calcules les divers cercles décrits de cette manière par tous les points situés sur un même méridien, tu verras alors que dans le nombre infini de ces cercles il y en a un plus grand que tous les autres, c'est celui qui correspond à l'Equateur; les autres deviennent successivement plus petits en raison de leur proximité des pôles. Il résulte de cela que tous les points générateurs de ces cercles seront animés, dans un égal laps de temps, de vitesses inégales; que cette vitesse est plus grande pour le point équatorial que pour les autres; d'où il suit que ce point, à cause de l'impulsion centrifuge qui lui est imprimée par la rotation de la terre, tendrait à s'éloigner avec une force plus considérable que celle qui pousse de la même manière les autres points éloignés de lui sur la ligne du méridien.

II. Cette considération, combinée avec une hypothèse ancienne qui supposait la terre originairement liquide, amenait naturellement à penser que, en vertu du mouvement énoncé, notre globe, — si toutefois il a pu être un instant parfaitement sphérique, — dut cependant se renfler davantage à l'équateur, et se déprimer aux pôles. Aujourd'hui, une série de recherches merveil-

leuses, dont chacune sert de preuve à l'autre, a
non-seulement démontré la vérité de cette sup-
position, mais encore approximativement déterminé la mesure de la dépression indiquée, qui
résulte de ce que l'axe polaire de la terre est
de $1/_{305}$ environ plus court qu'un axe équatorial.
Cette mesure — calculée de diverses manières —
de la dépression des pôles, nous mène à considérer la terre comme un *sphéroïde de révolution* (1), ce qui implicitement démontre sa primitive liquidité.

III. Or, nous voyons communément que les
substances dures, solides, peuvent devenir liquides au moyen de deux procédés différents,
c'est-à-dire en les dissolvant dans un autre liquide, ordinairement dans l'eau, ou en les fon-
dant au feu. Auquel de ces deux agents faudra-
t-il attribuer la primitive liquidité de la terre?
Je regrette de ne pouvoir rapporter ici l'histoire
des opinions diverses, des disputes animées qui
se succédèrent jusqu'à nos jours sur ce grand
problème;—je te dirai sans préambule que maintenant tous les savants admettent comme une
vérité que la condition originaire de la terre a

(1) On appelle *sphéroïde* une figure qui se rapproche de
la sphère ; *sphéroïde de révolution*, la forme prise par un
globe supposé de matière liquide ou pâteuse qu'on ferait
tourner à la manière d'une roue sur son axe.

été celle d'une masse liquéfiée et ardente. Cette considération que la plus grande partie des matières solides dont notre globe est formé exigent environ 500 parties d'eau pour être dissoutes, était déjà d'un grand poids pour combattre l'opinion opposée; l'imagination la plus effrénée ne saurait, en effet, rendre compte d'une si grande quantité d'eau abandonnée par la terre devenue solide. Mais à cet argument négatif s'ajoutent aussi d'autres preuves directes et positives, particulièrement fondées sur la distribution de la chaleur qu'on peut aujourd'hui reconnaître dans l'intérieur de la terre.

C'est une chose vulgaire que la distinction des pays que nous habitons, en chauds et en froids; et on trouve facilement la cause de cette différence dans la quantité inégale de chaleur que le soleil distribue annuellement sur les divers points de la terre, et dans l'inégale portion de cette chaleur que la terre elle-même, pendant la nuit ou la saison hyémale, rayonne de nouveau dans l'espace. Cette influence calorifique du soleil décroît rapidement au-dessous de la surface du terrain. Tandis que, par exemple, chez nous, la température passe dans une année de 28 degrés de chaleur à 10 degrés de froid, dans nos caves, dans nos puits, cette oscillation de la température est très-faible, presque

imperceptible, insignifiante ; de façon que, com-
parant la température de ces excavations avec
celle de la surface, nous trouvons que l'eau des
puits et l'air des caves nous semblent frais l'été
et tièdes l'hiver. Il est de fait que dans certains
souterrains la température ne varie pas sensiblement d'une saison à l'autre ; — et nous en avons
une preuve dans ceux de l'Observatoire de Paris, où divers thermomètres, placés depuis cinquante ans, ont oscillé à peine de minimes
fractions de degré au-dessus et au-dessous de
11° 82 de chaleur.

A une certaine profondeur — variable selon
les régions du globe, — c'est-à-dire de 25 à 30
mètres dans l'Europe tempérée (et peu au-dessous de la surface du terrain dans la zone équa-
toriale), l'influence solaire ne se manifeste plus,
et la température du terrain se maintient en tout
temps, invariable et constante, de quelque peu
supérieure à la température moyenne du pays (1).

_____

(1) La température moyenne d'un jour serait la somme
des températures de chaque instant divisée par le nombre des instants mêmes. Cependant, comme les variations de température ne surviennent point soudainement,
on peut arriver à un résultat satisfaisant en mesurant les
degrés de température à chaque heure du jour, en en
faisant la somme générale, et en divisant le résultat par
le nombre des heures ou par 24. La température moyenne
d'un mois est la somme des températures moyennes jour-
nalières, divisée par 30 ; et finalement la température

A une profondeur plus grande et toujours croissante, la température augmente en proportion.
Dans quelques mines, tandis que le froid est
très-intense au dehors, il se maintient dans les
plus profondes excavations à un degré de chaleur assez élevé pour obliger les mineurs à travailler nus. L'eau qui arrive à la superficie du
terrain de grandes profondeurs porte avec elle
la température qu'elle a y acquise, et s'écoule
plus ou moins chaude. Celle du fameux puits
de Grenelle, par exemple, montant d'une profondeur de 548 mètres, s'échappe du terrain
avec une température de 27° 6, c'est-à-dire sensiblement chaude (1).

moyenne de l'année sera la somme de la température
moyenne des mois divisée par 12. Dans ce cas, sous
notre latitude, on obtient un résultat à peu près égal à la
température moyenne du mois d'octobre, — laquelle,
par conséquent, pourra représenter la température
moyenne de l'année. En procédant ainsi, l'on voit de
quelle manière peut être déterminée la température
moyenne d'un pays, par celle d'un certain nombre d'années, qui devra être d'autant plus grand qu'on veut obtenir un résultat plus rapproché d'une sévère exactitude.

(1) Dans quelques localités, le calorique souterrain
augmente rapidement, de sorte qu'à une petite profondeur il est déjà très-fort. Aux bains de Néron, entre
Pouzzoles et le cap Misène, sur cette délicieuse côte de
Naples, il y a une petite grotte sur le fond de laquelle
jaillit une petite veine d'eau assez chaude pour que les
œufs, en quelques minutes s'y trouvent complètement
cuits au dur. Près de cette grotte, sur la plage de la mer,

Les observations faites à cet égard sont innombrables, et non-seulement s'accordent toutes pour prouver la généralité du fait, mais
aussi pour établir la loi approximative de cette
augmentation de chaleur, suivant les profondeurs : elle augmente d'un degré par chaque 32
mètres. Partant de ces données, on trouve qu'à
la profondeur de 3 kilomètres on devrait avoir
une chaleur égale à celle de l'eau bouillante ; —
à 20 kilomètres, une chaleur de 666 degrés, capable de tenir en fusion la plus grande partie
des substances minérales connues ; — et, vers
le centre, à 6,366 kilomètres, l'énorme chaleur
de 200,000 degrés.

Il est bien vrai aussi que cette loi de progres-
sion de la température terrestre n'est qu'approximative, et seulement appuyée sur des observations faites à de très-petites profondeurs ;
elle pourrait donc être sujette à des variations
à mesure qu'on descendrait plus avant, et, par
exemple, la couche de 666 degrés pourrait se
trouver soit au-dessus, soit au-dessous de 20
kilomètres ; mais cela n'altère nullement la loi

en creusant à 40 ou 50 centimètres dans le sable, on
rencontre déjà une chaleur assez forte pour que la main
ne la puisse pas supporter. Tout cela, du reste, est attri-
buable à la proximité de cet endroit du grand foyer volcanique de la Solfatare.

générale que nous pourrions exprimer ainsi : à
une profondeur — immense comparée à nos œuvres, mais très-petite par rapport au rayon terrestre — la terre jouit d'une température à elle
propre, initiale, et assez élevée pour maintenir
en fusion la plus grande partie des pierres connues.

Ce n'est donc pas par un caprice des naturalistes qu'on attribue à la chaleur la fluidité originaire de la terre, — cette même fluidité qui
s'est opposée à ce que sa forme soit régulièrement sphérique, et qui a déterminé son faible
applatissement aux extrémités de l'axe de rotation.

Le feu primitif existe encore sous nos pieds.
Nos campagnes, nos cités, toute la vaste étendue de l'Océan sont supportées par une croûte
légère (toujours en comparaison du rayon terrestre (enveloppant et contenant encore une
énorme quantité de matière liquéfiée et em-
brasée.

Un signe de *Celui* qui a créé les mondes avec
une parole, pourrait briser cette croûte fragile
de notre globe et en précipiter les fragments
dans cette masse de feu souterraine. Sera-ce là
le destin suprême de la terre ?

Personne ne peut lire dans l'esprit de Dieu :
mais, si l'on consulte la science humaine, elle

répond que les faits connus jusqu'ici concourent tous à démontrer la stabilité des lois de l'univers, et par conséquent à nous faire croire que l'ordre de la terre ne tend pas de lui-même — par les causes naturelles — vers sa destruction. Si tu t'effraies à l'idée de l'immense gouffre de feu qui brûle sous nos pieds, reviens de ta vaine terreur en considérant aussi que notre globe est en progrès continuel de refroidissement, et qu'un jour la dernière goutte centrale à laquelle se reduit peu à peu la matière liquéfiée interne sera figée, et le feu complètement éteint.

IV. Quand ce jour viendra-t-il ? A peine notre imagination peut-elle s'élancer jusqu'à une époque si reculée, — tant est lente, insensible, la dispersion de la chaleur centrale et par conséquent la solidification de nouvelle matière sous la crôte actuelle du globe. Un naturaliste allemand a essayé de calculer combien de temps pourrait s'écouler avant que la terre — la chaleur originaire dispersée — se réduisît à une température partout égale et homogène. Il prit une sphère de basalte (2) fondu, du diamètre de deux pieds, l'abandonna au refroidissement naturel,

---

(2) Le basalte est une pierre volcanique noirâtre qui, à un feu très-fort, se liquéfie en une masse vitreuse.

observa et mesura la diminution de chaleur qui
s'opérait d'heure en heure. Cette sphère ne se
refroidit complètement que dans l'espace de six
jours et demi. Or, comme notre terre est 7,500
trillons de fois plus grande que ce globe de basalte, on en pourrait déduire que son complet
refroidissement exigerait 353 millions d'années.
Mais ce calcul est encore au-dessous de la vérité, parce qu'on suppose que, durant cet espace
de temps, la terre n'aura pas reçu la chaleur du
soleil, tandis qu'on peut démontrer que dans
l'époque actuelle, elle en reçoit une quantité
presque égale à celle qu'elle rayonne dans l'espace céleste.

Donc, plusieurs millions de siècles s'écou
leront avant que notre globe soit entièrement
solidifié à l'intérieur et réduit partout à une
température uniforme. Et quand bien même
cela arriverait plus rapidement encore, ceux
qui habitent dans l'intérieur des continents ne
pourraient s'en apercevoir, parce que la chaleur de l'intérieur de la terre ne possède qu'une
très-faible influence sur la température de la
surface; et, comme nous l'avons dit, la distinction des climats dépend de l'inégale répartition
de la chaleur solaire.

V. Mais il n'en a pas été toujours ainsi. Nous
en trouvons la preuve dans les entrailles de la

terre, ou, pour mieux dire, dans les couches qui en forment l'écorce. En Angleterre, en France, en Bohême, dans les exploitations de charbon fossile, on trouve de très-nombreux restes de fougères gigantesques tout à fait différentes des humbles espèces qui végètent maintenant dans ces contrées, et très-analogues, au contraire, à celles qui vivent dans les régions équatoriales. Toutes les circonstances de leur gîsement prouvent que ces plantes sont nées et ont poussé dans les lieux mêmes où nous les trouvons ensevelies; et la plus rigoureuse analogie nous oblige à admettre que, pour favoriser leur végétation, un climat chaud était nécessaire, — un climat tel que celui des pays placés actuellement sous l'Equateur. Ce n'est pas là un fait isolé. Tous les restes de plantes et d'animaux qui ont existé dans les premières époques de la Terre, appartiennent à des espèces dont les analogues ne se retrouvent que parmi celles qui vivent aujourd'hui dans les plus chaudes régions du globe. La pensée que les climats étaient alors autrement distribués qu'ils le sont maintenant pourrait se présenter à l'esprit; mais cette pensée ne résiste pas une minute devant ce fait que ces restes ne gîsent pas seulement dans une zone limitée de la terre, — les fougères de la houille, par exemple, se trouvent dans toutes les parties du globe où existent des dépôts de ce combustible. Il n'y a d'ailleurs aucune raison qui nous invite à croire que les premiers rapports de la terre avec le soleil aient été différents de ceux qui existent de nos jours, — ni que l'équateur ait changé de place. Que devons-nous donc inférer de ces documents irréfragables ? Qu'à l'époque où croissaient belles et vigoureuses les plantes du charbon fossile, ou, pour dire la chose d'une manière plus générale, dans les premières époques de la création terrestre, il n'y avait pas de distinction de climats ; et, de plus, qu'un climat chaud, semblable à celui qui maintenant est démontré nécessaire à la vie des fougères et des palmiers, dominait uniformément sur toute la terre. La chaleur de ce climat était un résidu de cette chaleur propre, initiale, du globe, qui va toujours diminuant et se retirant dans ses parties les plus centrales, mais qui, dans ces premières époques de la création, prédominait tellement sur l'action solaire, qu'elle pouvait rendre presque nuls les effets de l'inégale distribution de celle-ci. Ces mêmes effets allèrent toujours se prononçant d'une manière plus intense, au fur et à mesure du refroidissement successif de l'écorce du globe et de la concentration du feu primitif.

Tous ces faits, toutes ces déductions se lient étroitement entre eux, et, bien qu'ils ne produisent pas toujours la certitude absolue et laissent un certain caractère d'hypothèse au grand résultat que nous en avons voulu tirer, ils lui donnent néanmoins une valeur trop grande pour qu'il ne corresponde pas à ce degré de vérité qu'il nous est accordé d'atteindre. — Combien elles seraient avancées, les conquêtes de l'esprit humain, si chaque branche du savoir reposait sur des bases également solides et fécondes !

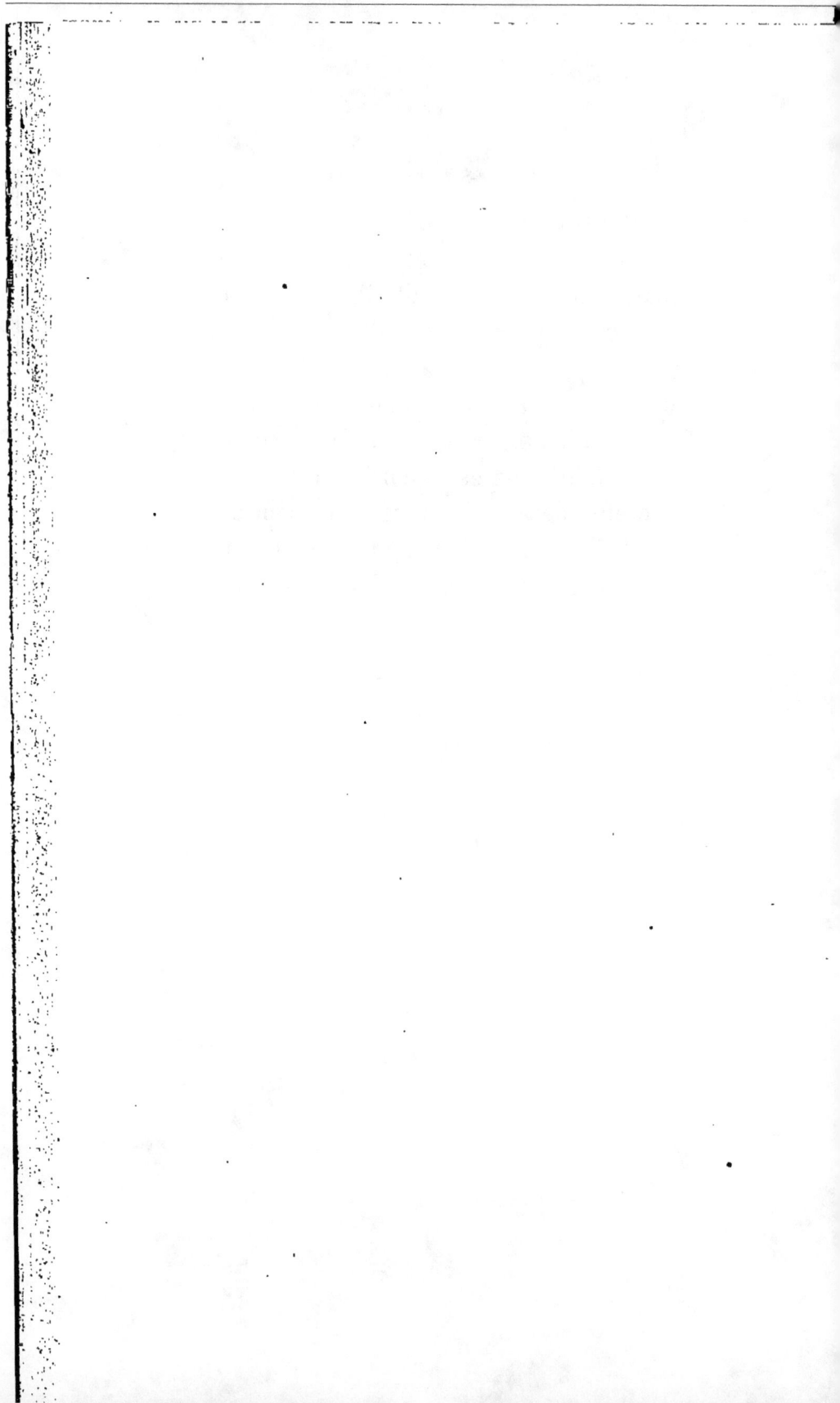

LETTRE DEUXIÈME.

—

I. Climat des lacs subalpins. — II. Température de la mer à diverses profondeurs. — III. Température des eaux de source. — IV. Effets présumables du refroidissement total de la terre.

I. Dans la première lettre, je t'ai montré à quel immense foyer de matières incandescentes l'écorce solide de notre globe continue de servir d'enveloppe. L'homme, qui possède dans la chaleur l'agent de sa plus grande puissance matérielle, ne peut encore utiliser à volonté cette masse de feu renfermée dans les entrailles de la terre. Mais qu'appliquant avec persévérance les forces dont il dispose, il creuse assez profondément pour atteindre une couche où l'eau soit très-voisine de l'ébullition, alors, au prix d'une petite quantité de charbon, il pourra développer la vapeur qui donne la vie à ses ateliers. Aujourd'hui, à peine les sondages les plus profonds parviennent-ils à une couche de 30 à 32 degrés. Tu vois combien est sujette à

changement la valeur relative d'une quantité!
la couche de 100 degrés (température de l'eau
bouillante) n'est qu'à minime distance de la
surface terrestre, si nous la comparons au rayon
du globe; mais, par rapport à nous, à nos uni-
tés usuelles de mesure, à nos œuvres, elle est
à une profondeur effrayante.

La nature cependant ne nous prive pas du
bénéfice de ce trésor de chaleur enfoui dans la
terre; voici comment :

Tu as souvent admiré la beauté, la variété
pittoresque des lacs subalpins, la douceur du
climat qui y sourit et y fait croître les orangers et les oliviers, comme une oasis enchantée au milieu des neiges des Alpes, en présence de la nature sévère du septentrion. Or,
suppose que tout l'espace qu'y occupe l'eau
soit, au contraire, comblé par la terre; qu'au
lieu de ce limpide miroir que bat l'aviron, s'é-
tende le plus beau tapis de verdure. Les lauriers, les orangers, les oliviers mourront: le
froid hiver établira son empire sur ces belles
rives que caresse maintenant et rend célèbres
un printemps sans fin. Et tu remarqueras que,
malgré ce changement supposé, subsisteront
encore inaltérés les rapports de ces pays avec
le soleil, avec l'astre dispensateur de la lumière,
de la chaleur et de la vie. Tu auras peut-être

observé que, tandis qu'en plein mois de janvier,
tout à l'entour, l'eau des ruisseaux, des étangs,
l'humidité même de la terre sont converties en
glace dure, l'eau des plus grands de nos lacs
ne gèle pas. Tu as vu sans doute, dans quelques-uns de ces cruels hivers, le lac de Varèse
parcouru non plus par des barques flottantes
mais par des chariots, tandis qu'il n'y avait rien
de sensiblement changé tout près de lui dans
les conditions ordinaires du lac de Côme.

Or, sache bien que ce n'est pas au soleil que
ce lac doit le privilège de jouir d'un air doux
et printanier au milieu des plus froides saisons,
mais à la grande profondeur de son bassin,
dont un fil à plomb de plusieurs centaines de
mètres n'arrive pas, en plusieurs endroits, à
toucher le fond. Si au lieu de plomb tu suspends
au fil un thermomètre construit exprès, et si tu
veux avec cet instrument mesurer la chaleur
de l'eau à différents niveaux, tu auras un résultat opposé à celui qu'on obtient par les sondages
dans l'intérieur de la terre.

L'eau de la surface du lac est à peu près également chaude dans toutes les saisons, tandis
que le thermomètre, descendu à des profondeurs
toujours croissantes, fournit les indices d'une
diminution croissante de chaleur. Certainement
les rigueurs de l'hiver tendent, par une loi im-

manquable, à refroidir les couches superficielles, mais à l'instant celles-ci disparaissent pour céder leur place à d'autres couches nouvelles qui arrivent du fond, rendues plus chaudes par la chaleur centrale de la terre.

Lorsque dans les eaux paisibles du lac, que ne ride pas même le vent le plus léger, se reflètent ses rives comme dans un limpide miroir, l'eau te semble parfaitement tranquille et immobile : cependant elle ne l'est pas en réalité. Ses particules sont dans un lent mais continuel mouvement vertical, dans une perpétuelle alternative de montée et de descente, semblable à celle que tu peux facilement observer dans l'eau renfermée dans un vase en verre sous lequel tu allumes une petite lampe à esprit de vin. Voilà le fait. Maintenant, avec quelque peu d'attention tu pourras en comprendre toutes les raisons.

L'effet général de la chaleur sur les corps qu'elle envahit est de les dilater : — d'agir de telle sorte que leur matière devient moins dense — c'est-à-dire que, par leurs particules portées entre elles à une grande distance, ces corps occupent un espace plus grand : ou, ce qui revient au même, — que dans un espace égal, — la quantité de matière et le nombre de ses particules soient moindres. Si tu chauffes un

vase parfaitement plein d'eau, tu verras en peu
de temps, par l'effet de la chaleur, cette eau
déborder ; le vase se maintiendra plein avec
une moindre quantité de liquide, et conséquemment diminuera de poids ; — de cela tu infères aisément que l'eau quand elle est chaude
doit avoir plus de légèreté que lorsqu'elle est
froide, à volumes égaux.

Réfléchis maintenant à la distribution de la
chaleur dans la matière homogène remplissant
un abîme très-profond — comme serait, par
exemple, le bassin du lac de Côme. Les couches
supérieures de cette matière devront être plus
froides que les inférieures, sans tenir compte
dans ce cas-là de l'action solaire, faible en comparaison et pénétrant à une petite profondeur.
Cette matière est l'eau, et, comme dans tous les liquides, ses particules glissent avec une mobilité
extrême les unes sur les autres. Il en résultera
comme conséquence que les couches les plus
froides, et par cela même les plus pesantes,
tendront à se porter de la superficie vers le fond,
chose qui ne peut arriver sans qu'au même instant remontent les couches profondes rendues
plus chaudes et partant plus légères par la chaleur propre de la terre. Néanmoins, celui qui
penserait que l'eau montant ainsi apporte à la
superficie du lac toute la chaleur acquise au

1*

fond serait dans l'erreur; ses parcelles en cè-
dent, pendant le trajet, aux autres parcelles qui
redescendent des couches plus froides; de sorte
que la chaleur réellement sensible à la surface
du lac n'est qu'une fraction de la chaleur com-
muniquée à l'eau qui y remonte du fond du bassin. Ce résidu suffit cependant pour influer sur
le climat du lac, et d'une manière d'autant plus
sensible que la masse de ses eaux se trouve
plus profonde. Tu vois donc par quelle raison
on doit, en grande partie, à la chaleur de la terre,
la végétation des oliviers et des orangers qui
fleurissent le long des rives des lacs subalpins.
— Dans les galeries les plus profondes des
mines du Hartz et de la Cornouaille, le degré de
cette chaleur propre et constante est si élevé,
que sous son influence pourraient facilement
croître et prospérer les plantes mêmes de la
zone torride, si ces cavernes étaient ouvertes
à l'accès d'un autre puissant stimulant de la
végétation : la lumière, dont le soleil est le dispensateur.

II. L'expérience vulgaire démontre aussi que
sur les plages maritimes la saison hivernale est
plus douce que dans les pays de l'intérieur placés sur le même parallèle. Sur les bords de la
mer, en effet, l'homme jouit du bénéfice de la
chaleur interne de la terre dont l'eau est le vé-

hicule; et si à cette circonstance vient se joindre celle d'une bonne exposition au midi, si de plus une ceinture de montagnes intercepte l'action des vents froids du nord, on atteindra à cette heureuse combinaison qui enlève à l'hiver toute sa rigueur. Celui-ci ne sera plus alors qu'une continuation de l'automne et un commencement de printemps. — C'est précisément dans cette position fortunée que se trouve Nice, où se réunissent pendant la saison rigoureuse, de tous les points du septentrion, le malade, le convalescent, et le sybarite ami des douceurs et des mollesses de la vie.

Pour confirmer ce qui précède, voilà quelques exemples de la distribution verticale de la chaleur dans les eaux de l'Océan :

Le capitaine Sabine a trouvé aux latitudes 10° 30' N. la température de l'eau à la superficie, de 28° 33'; à la profondeur de mille brasses, seulement de 7° 50'; Kotzebue sous la ligne 28° 05' à la surface; à la profondeur de 300 brasses, seulement de 12° 77'. Lenz à 7° 20 N. trouva également l'eau de la surface, chaude à 25° 80'; et à la profondeur de 539 toises, de 2° 20'.

La diminution de la température avec l'augmentation de la profondeur dans les eaux de la mer est donc très-sensible entre les deux tropiques ; elle devient toujours moindre dans les mers des zones tempérées de 30° à 70° de latitude. Du parallèle de 70° vers les pôles, on obtient un résultat inverse. Au pôle, à 700 brasses de profondeur, l'eau de la mer se trouve encore de 2 à 3 degrés de chaleur tandis que la température de la superficie se maintient à 0°.

A cela contribuent plusieurs causes qui toutes ne sont pas connues. On peut signaler la suivante :

L'eau, comme j'ai déjà à eu occasion de le démontrer, change de densité à divers degrés de chaleur. Si on veut déterminer auquel de ces degrés elle atteint sa plus grande densité, ou son plus grand poids à volume constant, on trouvera que ce degré correspond à $+4$ du thermomètre centigrade. Au-dessous de ce degré l'eau commence de nouveau à se dilater ou à diminuer de densité (par un procédé cependant bien différent de celui qui résulte d'une augmentation de chaleur) : nous en avons une preuve dans la grande force expansive qu'elle acquiert en se congélant, — sujet dont je devrai t'entretenir plus loin. Dans les régions polaires, l'eau à la surface de la mer se maintient constamment à 0° ; et il est alors naturel qu'on retrouve une augmentation graduelle de température avec l'accroissement de la profondeur jusqu'à rejoindre la couche de $+4$.

Observant dans son ensemble le mouvement très-lent et continu de la grande masse liquide de l'immense Océan, dû à l'influence de la chaleur propre de la terre, nous arrivons à nous persuader qu'il n'est pas parfaitement vertical, mais dans la direction d'un double courant qui transfère vers les pôles l'eau échauffée entre les tropiques, et reporte aux mers équatoriales l'eau froide des mers polaires.

III. Les eaux qui coulent à la surface libre de la terre sont douées de degrés de chaleur. infiniment variés, même dans les étroites limites d'une petite contrée. Il y en a quelques-unes dont la température change en raison de la variation de la saison ; ce sont les eaux dont le lit est placé à la surface du terrain ou à une très-médiocre profondeur et qui se trouvent en situation de participer aux vicissitudes thermométriques extérieures. D'autres, — comme celle de nos puits ordinaires, s'échappant d'une couche profonde très-proche de celle dite de température variable, — conservent le même degré de chaleur dans toutes les saisons, équivalant à peu près à la température moyenne du pays. Si ces eaux te semblent fraîches pendant l'été, tièdes pendant l'hiver, la cause doit t'en être assez claire. Enfin, il existe des sources qui ont une température plus forte que la moyenne du pays,

— ce sont celles dites chaudes ou *thermales*, dont les gradations sont si diverses et si variées, depuis une tiédeur à peine sensible jusqu'au degré de l'eau bouillante. Tu connais certainement quelques-unes de ces sources dont notre patrie possède un grand nombre, et qui sont célèbres par leur action si salutaire et si efficace pour combattre plusieurs maladies opiniâtres. — Je n'aurai qu'à te rappeler les bains d'Albano, d'Acqui, de Valdieri, pour ne pas parler de mille autres des pays étrangers.

Combien d'erreurs et de suppositions singulières émises sur l'origine de la chaleur de ces sources, jusqu'au commencement de ce siècle, c'est-à-dire jusqu'au moment où furent affermies nos connaissances touchant la distribution de la chaleur dans l'intérieur du globe! D'après les observations déjà citées, tu pourras facilement t'expliquer comment la chaleur des sources thermales est la même que celle de la couche d'où l'eau commence à monter, à peine diminuée de la quantité susceptible d'être absorbée par les parois du canal qui lui sert de conduit jusqu'à la surface du terrain.

IV. Dans ma lettre précédente, je t'ai fait entrevoir dans un avenir indéfini une époque où notre globe sera complètement refroidi, — son feu central entièrement éteint.

Or, quelles seront les conséquences de ce changement qui s'effectue et progresse à chaque instant, — bien que les siècles ne suffisent pas pour que nous nous en apercevions d'une manière quelconque?

Les voici :

Le soleil enverra sur la terre la même quantité de chaleur répartie dans le même ordre que présentement ; il n'y aura d'altérations sensibles de climats que dans quelques localités ; les eaux ne seront plus réchauffées dans les entrailles profondes de la terre ; les sources thermales n'existeront plus que de souvenir. Les couches superficielles de l'eau de nos lacs subalpins, celles des mers subiront les mêmes viscissitudes de température auxquelles sont sujettes les couches superficielles du terrain : — sur les rives des lacs de Côme et de Garde ne croîtront plus les citronniers et les orangers ; les plages maritimes, les îles perdront le privilège envié de leur climat : l'hiver s'y fera sentir avec la même intensité que dans les contrées situées dans l'intérieur des continents, sur le même parallèle et à la même élévation.

J'ajouterai une chose — dont tu verras plus tard la relation avec le sujet actuel : — les volcans seront éteints ; les couches superficielles du globe, dont le repos apparent est troublé

tantôt par des mouvements insensibles et très-
lents, et tantôt par des bouleversements subits
et destructeurs, seront alors solidement fixées
sur une base inamovible, — tant que cela plaira
au suprême Régulateur du mouvement et du
repos, de l'ordre et du chaos, de la matière et
du néant.

LETTRE TROISIÈME.

I. Tu verras souvent des poètes désigner la
mer sous le nom d'*élément infidèle*, d'*élément*
instable. Cette locution, qui n'est plus même du
goût de la poésie moderne, fut empruntée à la
science antique. L'air, l'eau, la terre, le feu
étaient pour les philosophes grecs les éléments
du corps humain, de tous les êtres organisés,
de toutes choses. Non que les illustres pères de
la science profane fussent arrivés à cette conclusion au moyen d'expériences, en essayant
de décomposer un corps quelconque dans ses
principes ; c'était une sorte de dogme entré dans
leur esprit, en considérant simplement la com-

binaison des qualités qu'ils croyaient fondamentales de tous les corps : celles du froid, du
chaud, de l'humide, du sec. Ils ne pouvaient
donner à ce mot *éléments* le sens précis qui s'y
attache de nos jours, où il désigne les substances non susceptibles d'être décomposées : les
substances simples. Le feu n'est rien de substan-
tiel par lui-même : c'est une pure apparence
phénoménale; il n'y a rien de plus mélangé et
de plus composé que la terre; l'air et l'eau non
plus ne sont pas simples, et même, la découverte de leur composition inaugurant une nouvelle époque dans la science donna naissance
à la chimie moderne, — science très-vaste qui
renouvela et enrichit le patrimoine intellectuel
de l'homme, développa son activité et porta une
grande et bienfaisante réforme dans les conditions de sa vie civile.

Cependant, avant de te montrer comment et
de quels principes l'air est composé, il faut d'a-
bord que je te persuade que cet air est une matière pesante qui, loin de remplir l'espace infini
des cieux, n'occupe seulement qu'un espace
très-limité.

II. L'air se range dans la catégorie des corps
que nous appelons *fluides*. En effet, ses parcelles sont unies entre elles avec si peu de force,
que tu ne pourrais en saisir et en retenir une

pleine main; tu ne pourrais en aucune façon le couper en morceaux déterminés. L'air prend tout au plus la forme du vase dans lequel il est renfermé. Il appartient aussi à la classe des fluides dits *élastiques*, en tant qu'il se comprime et se dilate avec la plus grande facilité ; de sorte que la même quantité d'air peut rester contenue dans des espaces très-divers, uniformément raréfié et distribué, selon qu'on augmente la capacité du récipient; uniformément condensé, suivant que l'on diminue cette même capacité.

III. Ce fluide est invisible, sans couleur ; cependant en grandes masses il présente un azur pâle, mais distinct. C'est à l'air qu'il faut attribuer la couleur d'un ciel serein, et aussi cette teinte tirant sur l'azur que prend une chaîne de montagnes vues à de grandes distances. La quantité de lumière et de chaleur que le soleil répand incessamment sur la terre, traverse l'air sans qu'il retienne de ces deux puissants stimulants de la vie une portion sensible pour la généralité des hommes. Néanmoins, la transparence de l'air n'est pas parfaite ; et combien ne devons-nous pas pour cela encore admirer la divine Providence! Les rayons lumineux qui traversent un milieu de transparence absolue ne sont ni retenus ni réfléchis : les parcelles de ce milieu n'en restent pas illuminées ; si l'air se trouvait dans cette condition, il est évident qu'il n'y aurait de lumière que sur les points où tombent directement les rayons du soleil; et, en dehors de ces points, obscurité complète. Au coucher et au lever du soleil, le passage serait instantané du jour le plus splendide à la nuit la plus sombre, et *vice versâ*; il n'y aurait ni crépuscule, ni lumière diffuse. C'est donc un grand bienfait que cette imparfaite transparence de l'air, ce faible degré d'opacité dont il est doué. Grâce à cette propriété, les parcelles qui le composent peuvent recevoir une petite quantité de lumière qu'elles reflètent en-dessous sur la terre. L'air nébuleux des régions polaires est une des causes qui font que les crépuscules y sont si prolongés.

IV. Que l'air soit réellement une substance matérielle, tu le comprends du reste par la résistance qu'il oppose à l'éventail, par l'impression que tu reçois sur le visage lorsque l'éventail l'agite, — et surtout encore par le souffle impétueux des vents. Une des propriétés générales de la matière est le poids (l'esprit seul plane et se répand libre à travers l'immensité de la création). En raison de son poids, cette matière, l'air, repose sur la terre; il la comprime de tous côtés, et il tendrait à écraser les corps placés à sa superficie, s'il n'y avait pas en eux

une force de résistance à une si grande action.
Observe une vessie gonflée : ses parois très-
minces et frêles supportent le poids énorme de
l'air qui tout à l'entour la comprime, et néanmoins la vessie ne s'affaisse pas, ne se rompt
point. C'est que dans la vessie se trouve renfermée une autre quantité d'air, qui a une force
expansive en elle-même, une force élastique,
qui fait équilibre à la pression de l'air extérieur. Romps cet équilibre, et, suivant la manière dont tu auras procédé, tu verras prévaloir
ou l'une ou l'autre des deux forces. Si tu intro-
duis cette vessie dans un endroit où l'air manque, tu la verras se gonfler davantage et éclater d'elle-même ; la force expansive de l'air renfermé ayant été relativement augmentée par la
diminution de la force pressante extérieure.
Soustrais, au contraire, de cette même vessie
une certaine quantité d'air, et tu la verras à
l'instant devenir molle ; en opérant ainsi, tu auras diminué d'autant, dans l'air qui reste, la
force expansive —insuffisante dès-lors à contrebalancer la pression externe. Qu'est-ce que la
succion sinon une opération qui fait un vide
qu'à l'instant l'air extérieur cherche à remplir en
pressant sur le corps sucé ?

V. La masse de l'air, considérée dans son
ensemble, s'appelle *atmosphère*, et cette masse

2

forme autour de notre globe une enveloppe très-mince en comparaison du rayon terrestre. Cette enveloppe exerce sur la surface de la terre une pression égale à celle que produirait une enveloppe d'eau de l'épaisseur de 32 pieds ($10^m, 50$), ou bien une de mercure de l'épaisseur de 28. pouces ($0^m, 76$). Tu peux dire aussi que trois colonnes : une de mercure, l'autre d'eau, la troisième d'air, se feront respectivement équilibre, quand elles auront une même base et une hauteur en raison inverse du poids de ces trois substances. Et comme la relation de leur poids à égalité de volume est connue; qu'aussi est connue l'élevation de la colonne de mercure, ainsi que celle de l'eau; il en résulte la faculté de déterminer facilement la hauteur de la colonne d'air, ou l'épaisseur de l'enveloppe atmosphérique de notre globe.

Le poids de l'air est à celui d'un volume égal de mercure comme 1 est à 10477,9 : d'où l'on déduit que la hauteur de l'atmosphère devrait être d'environ 4 ou 5 milles (1). Il faut cependant observer que la densité de l'air n'est pas uniforme; que les couches supérieures pesant sur les inférieures les rendent beaucoup plus denses, et que notre calcul est fondé précisé-

(1) Le mille d'Italie représente 1 k. 85.

ment sur la densité de l'air des couches les plus rapprochées du niveau de la mer : il s'en suit donc que l'épaisseur de l'enveloppe atmosphérique sera beaucoup plus grande; on calcule qu'elle est en effet d'environ 18 lieues ou 72 kilomètres. Un centimètre carré de la surface terrestre supporte une colonne d'air qui pèse 1 kil. 033 : d'où l'on déduit que toute la masse de l'air pèse sur la terre avec une force équivalente à cent mille millions de millions de tonnes (2).

VI. Sur le principe exposé est fondée la construction d'un instrument très-important : le *baromètre*, dont la découverte, due au célèbre Italien Torricelli (1643), marque une époque lumineuse dans les annales de la science. En le réduisant à sa simplicité primitive, on pourrait facilement en construire un de la manière suivante : On prend un long tube de verre bien calibré, dont le diamètre, non compris les parois, soit égal à celui d'une grosse plume à écrire; après avoir fermé au feu l'une de ses extrémités, on le remplit de mercure; puis, bouchant l'ouverture avec un doigt, on plonge cette extrémité renversée dans un bain également de

(2) Dans la marine française, la tonne est un poids de 1,000 kilos : — la tonne dont il est question ici vaut 3,000 livres, — douze onces faisant la livre.

mercure. Enlevant ensuite le doigt de l'ouverture, tu verras s'abaisser la colonne liquide
dans le tube jusqu'à la hauteur approximative
de 76 centimètres, si l'expérience se fait dans
un endroit bas, près du niveau de la mer; dans
une position plus élevée, par exemple, sur la
cime d'une montagne, le niveau de ce liquide
descendrait davantage. Enfin, avec la diminution ou l'accroissement de la densité de l'air
extérieur, le niveau du mercure s'élève ou s'a-
baisse dans le tube. L'espace qui reste entre ce
niveau et l'extrémité fermée du tube peut être
considéré comme tout à fait vide. Voilà donc un
baromètre. Sa primitive construction ne pouvait
être à l'abri de plusieurs défauts que les physiciens postérieurs à Torricelli corrigèrent; mais
je ne puis te décrire les diverses modifications
auxquelles fut soumis, dans ces dernières années, ce précieux instrument; il suffit que tu
en connaisses le principe et l'usage. Quant à ce
dernier, il est évident que le baromètre ne peut
indiquer autre chose que la pression atmosphérique, et, ce qui est la même chose, la densité de
l'air. Cette densité varie en raison de lois fixes
et déterminées, selon les hauteurs au-dessus
du niveau de la mer; de là l'application de cet
instrument à la mesure des élévations mêmes.
L'usage vulgaire qu'on fait du baromètre est

cependant quelque peu différent de l'usage
qu'en fait la science. C'est de ses indications
qu'on tire les présages du temps; on craint la
pluie ou l'orage quand le niveau du mercure
s'abaisse; on espère, au contraire, un ciel serein
lorsque le niveau s'est élevé; souvent — mais
non pas toujours — les prévisions se confir-
ment. De semblables indices qu'on cherche
dans le baromètre ont leur fondement dans
la raison suivante : la pression de l'air n'est
pas constante, mais elle varie de manière à
faire osciller le niveau du liquide barométrique
au-dessus et au-dessous de 76 centimètres.
Les causes de ces variations ne sont pas toutes
bien connues : parmi les effets qui en dérivent
d'ordinaire, il faut placer les changements du
temps. Lorsque la densité de l'air diminue, les
vapeurs aqueuses dont il est imprégné descendent, et rencontrent facilement les conditions
opportunes pour se convertir en pluie; quand,
au contraire, cette densité augmente, les vapeurs aqueuses remontent et se raréfient dans
les couches supérieures de l'atmosphère.

VII. Revenons maintenant à la prétendue
simplicité de l'air. Je veux te montrer qu'il est
composé, c'est-à-dire qu'on en peut séparer des
matières ayant des propriétés diverses. Voici
une expérience facile et décisive. Qu'on prenne

une cloche de verre, renversée sur un bain de mercure, et que dans cette cloche surnage une soucoupe contenant un petit morceau de phosphore allumé. Peu à peu une partie de l'air renfermé dans la cloche disparaît : la partie restante ne suffit plus à contrebalancer avec son élasticité la pression externe; celle-ci pousse dans la cloche elle-même un volume de mercure égal à celui de l'air qui vient à manquer, et l'instant arrive enfin où le phosphore s'éteint; — alors l'expérience est achevée. Deux choses résultent de là : premièrement, qu'une partie de l'air s'est incorporée au phosphore, lequel, après avoir brûlé, a totalement changé de propriété; en second lieu, que la partie restante de l'air n'a plus la même nature que l'air d'auparavant, car elle ne permet plus la combustion d'une autre dose de phosphore : celui-ci s'y éteint alors comme si on le plongeait dans l'eau, — un oiseau, une souris y mourraient par suite d'une véritable suffocation.

Mais voici une expérience plus éloquente :

Qu'on prenne le même appareil : la même cloche, le même bain de mercure, et, au lieu de la soucoupe avec le phosphore, qu'on fasse pénétrer dans la cloche la bouche d'une petite cornue en verre, dans le récipient de laquelle on aura placé aussi du mercure, puis,

qu'on chauffe et qu'on maintienne longtemps le
mercure de la cornue près du point d'ébulition :
à la superficie du métal ne tarderont pas à se
montrer plusieurs points rouges qui peu à peu
grandiront et se rejoindront de manière à former plusieurs petites îles flottantes. Pendant le
temps que se forme cette matière rouge, — qui,
je le dis par anticipation, est une vraie rouille
de mercure, — le liquide monte dans l'intérieur
de la cloche, signe évident qu'une portion d'air
a disparu et contribué à former le nouveau
composé avec le mercure de la cornue.

Ecoute encore cette expérience décisive :

Cette rouille de mercure que tu as vue se
former, est ce qu'on vend sous le nom de *précipité rouge*. Il a cette propriété que, à une chaleur plus forte que celle où, soustrayant un principe à l'air, il s'est formé, il se décompose et
donne lieu au rétablissement du mercure métallique rendant libre de nouveau le principe
gazeux précédemment absorbé. Donc, si l'on a
dans une cornue quelque peu de précipité rouge,
et si l'on fait entrer le bout du tube de celle-ci
dans une grande fiole préalablement remplie
d'eau et renversée sur un bain du même liquide, et si, cela disposé, on chauffe fortement
le ventre de la cornue, la chaleur en dégage un
air qui va gargouiller dans le bain et de là dans

la fiole, où, en chassant l'eau, il reste contenu.

VIII. Cet air, ou pour mieux dire ce *gaz*, est un des composants de l'air atmosphérique, et il a des propriétés admirables. Un corps allumé qu'on y introduit y brûle avec rapidité en répendant une vive lumière et une chaleur très-intense. Une souris, un petit oiseau y restent animés et vivants pendant longtemps. C'est ce gaz qui produit la rouille de divers métaux, qui alimente la combustion, — celui qui sert également à la respiration des animaux. Les chimistes l'ont appelé *oxygène*, ou générateur des acides, parce que beaucoup des composés qu'il forme avec les autres corps, beaucoup de produits résultant de la rouille ou de la combustion, possèdent les qualités des acides. Mais, au lieu de *rouille*, nous pouvons dès ce moment nous servir de deux mots admis de préférence dans le langage scientifique : *oxyde* et *oxydation*.

IX. L'oxygène étant enlevé de l'air — comme dans l'expérience du phosphore brûlé dans un vase fermé, — il reste un autre des composants de l'air même, qui a des propriétés bien différentes ; c'est un gaz qui éteint les corps allumés, qui fait mourir les animaux par suffocation ; un gaz inerte qui se combine difficilement avec les autres corps, formant alors des composés peu stables, c'est-à-dire qui tendent à se décomposer avec la plus grande facilité. Le nom de ce gaz, dérivé du grec, est *azote* ou ennemi de la vie.

X. Tels sont donc les deux éléments du mélange desquels l'air est principalement composé. Quelle ne doit pas être notre admiration pour une semblable disposition de l'éternelle Sagesse! Quelles conséquences n'en résulterait-il pas si tout-à-coup l'azote disparaissait de notre atmosphère, et s'il y entrait à sa place une quantité équivalente de nouvel oxygène! La première flamme de la moindre allumette provoquerait un incendie instantanément destructeur de toute une cité, de toute une province, de tout un continent. La composition de l'atmosphère serait immédiatement changée et rendue impropre à conserver la vie des animaux. Si, au contraire, l'air n'était formé que de pur azote, le silence et le repos de la mort s'étendraient sur toute la surface de la terre. Le Créateur voulut, par une juste proportion des éléments de l'air, en assurer le bénéfice pour une série de générations que nous pouvons dire infinie, car nous ne connaissons pas les limites qu'il lui a assignées.

L'oxygène et l'azote sont distribués dans l'air atmosphérique dans la proportion suivante :

En volume : Azote, 0,790.   Oxygène, 0,210
En poids :   »   0,767.   »   0,233

XI. Une autre substance, en proportion minime, il est vrai, mais néanmoins constante et nécessaire, entre dans la constitution de l'air atmosphérique; mais cette substance, loin d'être simple, est une combinaison de l'oxygène avec un des principes composants des substances organiques appelé *carbone*, parce qu'il existe presque pur dans le charbon commun, — charbon obtenu, comme tu le sais, du bois imparfaitement brûlé, et que l'on obtiendrait également du sucre, de la farine, de la viande, du sang. Ce troisième ingrédient de l'air atmosphérique est l'*acide carbonique :* celui-là même dans lequel se réduit le charbon brûlant dans un fourneau; qui compose en grande partie l'air exhalé de nos poumons; — celui-là même que le feu chasse de la pierre à chaux soumise à la cuisson dans le four; — enfin, pour que tu le connaisses encore mieux, celui que développe le moût en fermentation, — qui pétille dans le vin de champagne, dans la bière, dans l'eau de seltz.

L'air ne contient, comme je te l'ai déjà dit, qu'une minime proportion d'acide carbonique (un millième environ), et c'est une providence pour tous les animaux, ainsi que pour l'homme, qu'il n'en soit pas plus chargé. Les effets terribles de ce gaz sont trop souvent manifestes chez des malheureux et des imprudents qui le respirent dans des endroits fermés, où il se développe en quantité excessive : au mal de tête violent, aux vertiges, à l'assoupissement, succède bien des fois la mort.

Toutes les autres exhalations et produits gazeux qui se dispersent dans l'air, ne suffisent en aucune façon à en altérer la composition : à une très-petite distance de leur source directe, ils ne sont plus sensibles. Il en est ainsi des miasmes qui s'élèvent des eaux stagnantes ; ainsi des gaz et des vapeurs de toutes sortes émanés des officines si nombreuses dans les pays livrés principalement à l'industrie ; ainsi enfin des exhalations volcaniques, qui, vues de loin, apparaissent souvent comme de grands et épais nuages.

XII. Si j'avance que l'azote et l'acide carbonique sont deux gaz ennemis de la vie, c'est en les considérant seulement dans leur action immédiate sur la respiration des animaux. Je devrai tenir un autre langage, quand je t'inviterai à réfléchir avec moi sur le rôle de ces deux composants de l'atmosphère, sur la part qu'ils prennent à la formation des organismes vivants dont l'azote et le carbone sont des éléments indispensables, quoique en proportions variées.

Dans les premières époques du globe, — à peine la croûte extérieure était-elle consolidée et avait-elle perdu assez de sa chaleur primitive, pour permettre que les plantes et les animaux commençassent à en peupler la superficie, — le terrain ne contenait rien qui pût former un élément constitutif des nouveaux organismes. L'atmosphère d'alors, au contraire, — comme cela se trouve démontré par plusieurs faits étrangers à ce sujet, — était plus dense que l'actuelle, parce que, bien que composée des mêmes éléments, ils y étaient en proportion très-différente : le gaz acide carbonique y entrait en grande prépondérance. C'est de cet immense et intarissable réservoir que les premiers germes de vie semés par le Créateur sur la surface de la terre tirèrent les éléments matériels de leur développement. Tout l'azote qui peut se dégager des chairs des animaux, tout le carbone qui peut se tirer du tronc des plantes, provient de l'air : ils en proviennent même toujours dans la période merveilleuse de la matière, dont je me propose de te montrer plus loin les lois fondamentales, émanations de la sagesse infinie.

LETTRE QUATRIEME.

I. Je dois maintenant te parler, ma chère fille,
de l'eau et des phénomènes survenus mille fois
sous tes yeux, mais sur lesquels peut-être ton
esprit ne s'est jamais arrêté, et, t'inviter à observer attentivement des choses que jusqu'ici
tu n'as fait que voir.

A la température qui domine communément
dans nos pays, l'eau est liquide; c'est-à-dire
que ses molécules (1) glissent avec une facilité
si grande les unes sur les autres, qu'obéissant

---

(1) Molécule signifie parcelle d'un volume si petit,
qu'on ne pourrait pas se la représenter divisée davantage. On a l'habitude de considérer chaque corps comme
un agrégat de molécules.

toutes librement à la pesanteur, elles se con-
duisent de façon que la masse de l'eau elle-
même prend toujours la forme du vase dans
lequel on la renferme et qu'on doit considérer
sa surface libre et en repos comme formant un
plan horizontal. La force de cohésion qui tient
unies ses parcelles est faible, mais néanmoins
beaucoup plus grande que celle qui lie entre
elles les parcelles de l'air et de tous les gaz.
C'est en raison de cette cohésion qu'une goutte
d'eau peut être recueillie et rester suspendue.

II. L'observation journalière te démontre
qu'un corps trempé d'eau, sèche à la température commune, et beaucoup plus vite à une
température élevée, à la chaleur du soleil, par
exemple, ou d'une étuve. L'eau qui disparaît
n'est pas détruite; elle ne fait que passer à l'é-
tat de vapeur invisible qui se dissipe dans l'air.
Lorsque l'eau est élevée à un certain degré de
chaleur, elle passe rapidement et avec bruit à
l'état de vapeur, c'est-à-dire qu'elle entre en
état d'ébullition; et ce degré, dans les pays
d'une élévation peu sensible au-dessus du niveau de la mer, est le 80e du thermomètre de
Réaumur, ou le 100e du thermomètre centigrade.
A des hauteurs plus considérables, l'eau bout à
un degré de chaleur moindre, et bientôt tu en
comprendras facilement la raison.

La vapeur engendrée par l'eau en ébullition se maintient tant que la température de l'air ambiant ou des corps avec lesquels elle est en contact, n'est pas inférieure à 80 degrés Réaumur. S'il survient un abaissement de température, la vapeur se condense, devenant d'abord visible sous l'apparence d'épais brouillards, puis ensuite se réunissant en gouttes.

L'eau tant qu'elle est maintenue à l'état de vapeur, possède toutes les qualités des fluides élastiques ; elle se distingue cependant de ceux-ci par d'autres qualités qui ne sont pas particulières à la vapeur aqueuse, mais appartiennent à toutes les vapeurs.

La première de ces propriétés, c'est une force expansive énorme et toujours croissante par l'augmentation progressive de la chaleur, de telle sorte qu'on peut la dire vraiment infinie.

C'est sur cette propriété de la vapeur aqueuse qu'est fondé le grand usage que le génie de l'homme a su en faire comme puissance motrice irrésistible.

III. Tu sais maintenant de quelle manière un froid rigoureux réduit l'eau à l'état solide ; il en rapproche les molécules et les unit si étroitement, qu'on ne peut parvenir à les disjoindre qu'avec effort, et la masse qui résulte de leur agrégation peut se modeler et se tailler en mor-

ceaux figurés. En cet état l'eau forme la glace
et la neige. Je rappelle à ta mémoire les beaux
dessins, les fantastiques arborisations, qui se
produisent au début d'une tranquille congéla-
tion de l'eau et que tu as observés mille fois
durant la saison hivernale sur la première
croûte de glace aux bords des ruisseaux, dans
les grands flocons de neige, dans le voile de
glace qui pendant les journées les plus rigides
ternit les vitres des fenêtres. Sache donc que
ces formes, qui te semblent tout à fait accidentelles, variables selon le caprice du hasard, sont
sujettes à des lois sévères; qu'elles dépendent
d'agrégations géométriques de minimes parcelles ayant elles-mêmes des formes géométriques; formes semblables à celles que tu vois se
produire en grand dans le sucre candi et en
d'autres agrégats analogues, que, pour le plaisir de la vue et comme enseigne de leur genre
de commerce, les épiciers et les pharmaciens
exposent derrière leurs vitraux. Une très-
grande quantité de corps passant, en des circonstances données, de l'état fluide à l'état solide, prennent ses formes géométriques sur lesquelles il sera nécessaire d'appeler plus loin
ton attention.

L'eau, prenant la consistance et la texture de
la glace, développe une immense force expan-

sive et peut rompre spontanément le vase dans
lequel elle se trouve emprisonnée, quelles que
soient la grosseur et la puissance de ses parois.
Cette force expansive est une des causes auxquelles est due la dégradation incessante des
hautes cimes alpestres.

L'eau, en effet, pénétrant dans les fissures
de ces roches élevées et se congelant lorsque le
froid survient, agit comme un système de coins,
et réduit le rocher le plus dur en morceaux qui
roulent dans la vallée.

IV. La masse des eaux en ces trois états :
gazeuse, liquide, solide — est immense sur
notre globe. La seule partie liquide (qui est en
vérité la plus considérable) en recouvre les
trois quarts de la superficie. Si on évalue à
12,000 pieds la profondeur moyenne de la mer,
on arrive à trouver que cette immense excavation contient plus de deux billions de milles
cubes d'eau; et, si on la suppose vide, tous les
fleuves de la terre devraient, pour la remplir
de nouveau, s'y déverser pendant 40,000 ans !...

V. Quelle est la période perpétuelle et admirable à laquelle la masse des eaux est sujette et qui
contribue tant à maintenir ici-bas l'équilibre
des grandes forces de la nature? Tu peux
facilement le concevoir, en t'appliquant à observer avec moi quelques-uns des phénomènes
météorologiques les plus ordinaires.

L'air contient partout et constamment de la
vapeur aqueuse ; il est, comme on a coutume
de le dire, en degré variable, mais toujours humide, même dans la saison et dans les pays que
nous considérons comme les plus secs. Mille
expériences le démontrent, et, entre autres, la
vapeur qui ternit en s'y condensant les parois
extérieures des vases de verre contenant de
l'eau plus froide que l'air ambiant, comme est en
été l'eau de nos puits. La variation de la quantité
de vapeur aqueuse dans l'air dépend de plusieurs causes. La chaleur l'augmente, — ce qui
fait que dans les pays situés entre les deux tropiques, au voisinage d'une vaste superficie
évaporante comme celle des grands fleuves,
des lacs et de la mer, l'humidité de l'atmosphère
est plus grande qu'ailleurs ; — dans certaines
localités elle arrive à tel point que le bois ne
peut plus s'y dessécher et qu'on y parvient
avec difficulté à en allumer du feu.

VI. Quelques-uns croient que l'eau existe
dans l'air par suite d'une vertu dissolvante de
celui-ci, exactement comme le sel dans les eaux
de la mer. C'est une erreur qui devient bien
vite manifeste par cette observation, que l'eau
possède en elle-même une tendance à passer
à l'état élastique ou de vapeur, et que l'air,
loin de favoriser cette tendance, s'y oppose

d'autant plus, que la pression qu'il exerce sur la superficie évaporante est plus grande. Si dans un vaste récipient de verre où on a opéré le vide par l'extraction de l'air, on fait pénétrer une certaine quantité d'eau, celle-ci engendre à l'instant assez de vapeur pour produire une pression égale à celle de l'air primitivement extrait.

L'eau dans le vide bout à la température commune, et tu te souviens qu'au niveau de la mer, c'est-à-dire là où la pression de l'atmosphère maintient la colonne barométrique à 76 centimètres, l'eau n'entre en ébullition qu'à la température de 100° centigrades. Sur la cime des hautes montagnes, l'eau bout à une température inférieure, car la colonne pressante de l'atmosphère y est diminuée de toute la partie qui se trouve entre le terrain élevé de la montagne et le niveau de la mer. On peut même déterminer cette diminution— et par conséquent déterminer la hauteur de la montagne — en mesurant le degré de chaleur nécessaire à faire bouillir l'eau dans cette situation.

Supposons que notre globe soit tout à coup privé de l'enveloppe atmosphérique, l'eau alors se comporterait comme dans un espace vide, c'est-à-dire qu'en peu d'instants elle passerait à l'état de vapeur ; et non-seulement les sources, mais les gouffres de la mer eux-mêmes reste-

raient à sec. — L'existence de l'eau se trouve
donc liée à celle de l'air.

VII. Ici, je me permets une courte digres-
sion, dans le but de te montrer de combien
d'applications multiples est susceptible une
donnée scientifique, et comment les diverses
branches de la science humaine doivent se
prêter une mutuelle assistance.

Il y a quelques années, une fable gros-
sière, abusant de la crédulité publique, fit le
tour du monde, annonçant la découverte d'é-
tranges générations d'êtres vivants sur la
surface de la lune. Avant de prêter une foi
aveugle à la réalité d'un fait aussi surprenant, il eût été prudent de consulter la science
sur sa possibilité ; il convenait d'examiner
préalablement si les conditions du monde lunaire sont de nature à permettre le développement de la vie dans les conditions sous lesquelles nous la pouvons concevoir, ou, si tu
veux, avec des lois analogues à celles qui régissent les corps organisés sur la surface de
notre globe. Or, les observations astronomiques donnent pour résultat certain que l'enveloppe atmosphérique de la lune est si petite et
si peu dense, qu'on peut presque soutenir qu'il
n'y existe pas d'atmosphère. Sans atmosphère,
il ne peut exister d'eau à l'état liquide; sans air

et sans eau, comment des êtres organisés pour-
raient-ils vivre?

VIII. Si tu regardes avec un bon télescope le
globe de la lune, tu vois la superficie de cet astre
parsemée de nombreuses inégalités ayant une
configuration analogue à celle de nos volcans,
avec les sommités terminées par d'énormes
cratères. Plusieurs philosophes ont admis, à
cause de cela, l'existence dans la lune de grands
volcans; quelques-uns ont même voulu attribuer à ces volcans un phénomène des plus singuliers et des plus étonnants dont notre monde soit
le théâtre : — la chute des pierres météoriques,
— voyant dans ces pierres comme autant de
bombes lancées par les bouches volcaniques des
montagnes lunaires. Mais il eût fallu d'abord
résoudre la question suivante : L'existence des
volcans de la lune une fois admise, ces volcans
sont-ils actifs? ont-ils des éruptions comme
chez nous l'*Etna* et le *Vésuve?* Maintenant, si
l'on veut avoir égard aux grandes quantités de
vapeurs aqueuses qui se trouvent dans les produits vomis par les volcans actifs sur les bords
de la mer, ou tout au moins à proximité des
grands bassins d'eau; si l'on considère qu'au
contraire les volcans éteints sont situés dans
l'intérieur des continents, — on devra conclure
que, pour que les éruptions volcaniques puis-

sent s'effectuer, la présence de l'eau est nécessaire. En combinant cette donnée avec celle qui
résulte déjà du manque d'eau à la surface du
globe lunaire, il s'en suivra, comme conséquence directe, que l'hypothèse de volcans actifs dans cet astre est privée de tout fondement.

IX. Les vapeurs aqueuses dont l'air se sa-
ture, forment les nuages, et à peine est-il nécessaire de te rappeler comment l'eau se préci-
pite des nuages. C'est de l'état de la température de la couche atmosphérique dans laquelle
se fait la condensation de la vapeur visible, et
de celle des couches inférieures que l'eau doit
traverser, que dépend la forme — soit de pluie,
soit de neige — avec laquelle l'eau elle-même
arrivera sur le sol. Ce qu'il advient de cette
eau, tu le sais : la terre des champs en est abreu-
vée; les torrents, les fleuves en regorgent, et,
suivant la pente du terrain, la reportent à la
mer.

Le froid qui règne sur les sommets les plus
élevés des montagnes, fait que l'eau des nuages
y tombe et s'y maintient sous forme de neige.
Dans les plus hautes vallées alpestres, la chaleur solaire en fond les couches superficielles,
et l'eau de cette fonte pénètre dans les couches
profondes, où, sous l'influence des froids noc-

turnes, elle se solidifie en glace avec la neige.
C'est de cette manière que se forment les glaciers, dont l'extension est si grande, l'aspect
si sévère et si majestueux, que quelques-uns
ont reçu le nom de *mers de glace*. Je ne te parlerai pas des phénomènes étonnants, des scènes
imposantes et terribles dont ces glaciers sont le
théâtre, me bornant à te faire observer que les
eaux de fonte de ces immenses et éternels amas
de neige et de glace, tantôt pénètrent dans les
interstices des couches pierreuses et dans les
profondes étendues de sable, et jaillissent çà et
là en sources limpides, tantôt retombent par les
précipices alpestres, coulent dans le lit rocail-
leux des vallons, et forment, comme par un con-
fluent de rameaux à un tronc, les grands fleuves
de la terre. Quelle énorme quantité d'eau ne déversent pas les Alpes dans la vallée du Pô, —
cette belle partie du jardin de l'Europe, — et
avec quelle industrie l'homme n'a-t-il pas su la
contenir, la diriger, la ramifier et distribuer
partout dans la plaine ce don si précieux de la
Providence, qui afflue précisément à l'époque
des chaleurs caniculaires, alors que la terre
l'invoque et en ressent d'autant plus le besoin!

L'écoulement continuel des fleuves n'épuise
pas leur source, n'élève pas davantage le niveau des eaux de la mer dont elles sont tribu-

taires. De cette énorme masse liquide qui recouvre une si grande partie de la surface de la terre, s'élève sans cesse, sous forme de vapeur, et se répand dans l'atmosphère pour retomber de nouveau, une prodigieuse quantité d'eau. Ne te laisse tromper ni par les accidents passagers des temps secs et pluvieux, ni par l'état d'abaissement ou d'élévation de l'échelle des fleuves ; considère ces accidents, non pas dans une courte période de temps et dans les limites étroites d'une province, mais dans le laps d'une longue période, — d'une année, de plusieurs années, et sur la surface entière de la terre, — et alors tu arriveras facilement à te persuader que ces accidents se compensent réciproquement, et que, dans le cercle perpétuel où est entraînée la masse des eaux, la quantité que la mer reçoit des fleuves ou directement des nuages, est la même que celle qui, sous forme de vapeur, s'élève du sein de la mer elle-même, et sert à l'alimentation incessante des sources.

LETTRE CINQUIEME.

———

I. Tu demanderas sans doute maintenant comment l'eau est douée de qualités sensibles si différentes selon les lieux où nous la puisons ; pourquoi l'eau des fleuves est douce, potable, et celle de la mer fortement salée ; pourquoi l'eau de source elle-même n'est pas partout également bonne pour nos usages ordinaires ?

Je dois à ce propos te rappeler avant tout l'observation journalière de la propriété dissolvante de l'eau à l'égard de beaucoup de substances, par exemple, du sel commun, pour arriver à te persuader que ce liquide exerce le même pouvoir, bien qu'à un degré très-inférieur, quant aux au-

2*

tres substances que nous disons insolubles, telles
que le plâtre, le marbre, le silex lui-même; de
sorte que ce n'est pas à tort que l'on considère
l'eau comme le dissolvant universel. Or, il est trop
conforme à sa nature que l'eau des pluies, fil-
trant dans le terrain, dissolve en proportions
différentes les matières hétérogènes qui le composent; de manière que l'eau même qui te semble la plus pure — celle si limpide et si fraîche
des sources alpestres — ne pourra jamais être
considérée comme pure dans le sens rigoureux
du mot. Observe, en effet, les incrustations
qu'elle dépose à l'intérieur des tubes destinés à
la conduire loin de sa source, et l'enduit qu'elle
laisse après un usage répété dans les vases
dont on se sert pour la faire bouillir. Ces incrustations, cet enduit, doivent être considérés
comme formés de matières tout à fait étrangères à l'eau : en effet, tôt ou tard elle en dépose
une grande partie, puis les abandonne toutes
lorsqu'elle passe à l'état de vapeur. C'est pour
cette raison que les chimistes, qui, dans un
grand nombre de leurs opérations, se servent
d'eau absolument pure, l'obtiennent ainsi en la
soumettant à la distillation, c'est-à-dire en la
faisant bouillir lentement dans un récipient fermé, et en condensant ensuite la vapeur où le
feu l'a réduite. D'une pureté égale sont les va-

peurs qui s'élèvent sans cesse de la superficie
des eaux recouvrant notre globe et l'eau même
qui retombe sous forme de pluie ou de neige ;
celle-ci, s'infiltrant dans les couches de la terre,
jaillit çà et là, conservant plus ou moins de sa
pureté primitive, selon la nature de la couche
terreuse qu'elle a pénétrée et parcourue.

II. Dans le procédé de distillation de l'eau,
les substances terreuses et salines qu'elle contenait restent dans le bassin où elle a été éva-
porée. Si l'on considère l'eau de rivière comme
une vraie solution très-délayée, il sera facile de
remarquer que par l'évaporation d'une partie
du dissolvant, la solution restante se montrera
plus concentrée. C'est ce qui arrive dans la nature lorsqu'un grand lac sans issue reçoit un
fleuve dans son sein : l'eau du fleuve, douce,
potable, remplissant le vaste bassin devient
saumâtre ou même fortement salée. La mer
Caspienne, et plus encore la mer *Morte* peuvent te servir d'exemple : dans la première se
concentrent les eaux du Volga, dans la seconde
celle du Jourdain. La salure de l'Océan n'a pas
d'autre origine.

Parmi les sels très-solubles que l'eau des fleuves peut contenir, celui qui prévaut est le sel
commun ou sel de cuisine : si le goût, en effet, ne
te révèle pas sa présence, l'examen chimique

ne manquera pas de te la faire facilement remarquer. Dans les couches pierreuses de l'écorce terrestre, le sel commun existe en grande abondance, tàntôt disséminé, tantôt formant lui-même des couches très-étendues. Le sel commun de la mer est donc le résultat, pour m'exprimer ainsi, du lavage de la terre.

Une autre matière beaucoup moins soluble que le sel commun, et que toutes les eaux de sources contiennent — quelques-unes en proportion très-forte, — est celle qui se dépose sous forme d'incrustations, de masses spongieuses, de protubérances coniques pendantes aux voûtes des cavernes; la matière constitutive des tufs, des albâtres, qui sont de la même nature que le marbre et que la pierre à chaux. Les quantités imperceptibles de cette matière qu'à chaque instant les fleuves versent dans la mer y restent accumulées, et la nature en dispose d'une façon merveilleuse. Dans la mer vivent des familles innombrables d'animaux (particulièrement des Mollusques et des Zoophytes) qui possèdent, pour protéger leur corps faible et mou, un nid ou une enveloppe de pierre. Les coquilles, les coraux sont des productions de cette sorte. Leur substance est tout à fait identique à celle du marbre et de la pierre à chaux, et ne peut être créée par les animaux dont elle fait partie : elle est prise de l'eau ambiante, élaborée et rendue de nouveau concrète sous une forme nouvelle et pour un office nouveau. Quelle immense quantité de matière calcaire accumulée de cette manière au fond de l'Océan, pour le besoin de ses innombrables habitants ! Des rochers, des bancs, des îles, des archipels, d'immenses terres sous-marines sont composés uniquement de madrépores, de coraux et d'amas de coquillages qui ne pourraient subsister si les fleuves de la terre versaient dans la mer une eau absolument pure.

La mer Baltique nous présente à ce sujet un exemple très-instructif. Des fleuves nombreux s'y versent; mais, par leur source et par leur court trajet dans des terrains de granit pauvres en matières solubles, les eaux accumulées dans ce bassin contiennent des matières fixes (résidus de l'évaporation) en quantité beaucoup moindre que dans les autres mers. L'eau de la Méditerranée en contient dans la proportion de quatre parties sur cent; celle de l'Océan, le long des côtes de France, 3. 9; celle de la Baltique, 1. 7; et même dans la partie la plus orientale, seulement 0. 9. Voilà ce qui explique pourquoi de cent espèces de molluques qui se rencontrent dans le Sund, une douzaine à peine vivent dans la Baltique, et encore avec une co-

quille très-amincie. Cette circonstance a rendu
et rendra toujours infructueuse toute tentative
pour acclimater dans la Baltique ces grands
bancs d'huîtres, qui sont l'une des richesses du
Jutland.

Quant au sel commun, qui n'a pas la même
destination que la matière calcaire, et que les
fleuves portent continuellement à la mer, — tandis que les eaux de celle-ci se maintiennent à un
degré sensiblement uniforme et constant de salure, — on ne saurait rien avancer de positif. D'a-
près quelques observations il semblerait pro-
bable que le surplus de ce sel va s'accumuler
dans les retraites le plus profondes des abîmes
océaniques.

III. On tiendra une eau potable d'autant meilleure pour les usages de l'économie domesti-
que, qu'elle se montrera plus douée des propriétés suivantes :

1° Il faut qu'elle soit entièrement insipide et
inodore et qu'elle se conserve telle, même après
avoir été enfermée longtemps dans une bou-
teille ;

2° Qu'elle soit tout à fait limpide et se maintienne ainsi à la température de l'ébullition ;

3° Qu'elle dissolve bien le savon et cuise bien
les légumes.

Ces propriétés se rencontrent à un haut degré

dans l'eau distillée; cependant il lui manque alors une qualité qui en fait une boisson agréable et restaurante; mais elle la prend bientôt lorsqu'on l'agite au contact de l'air, de façon qu'elle en dissolve une certaine quantité. Que l'eau commune renferme de l'air en solution, c'est un fait démontrable de plusieurs manières. Les bulles que nous voyons se former lorsque, l'été, elle est gardée dans un verre, sont des bulles d'air qui s'en dégagent par l'effet de la température de l'air ambiant.

Les premières bulles de l'eau mise au feu sont de la même nature et se développent par la même cause. L'air étant plus soluble dans l'eau froide que dans l'eau chaude, il en résulte qu'au moyen de l'ébullition l'eau perd toute la quantité d'air qu'elle contenait auparavant; et tu sais par expérience que l'eau qui a bouilli et qu'on laisse ensuite refroidir loin du libre contact de l'air est d'une fadeur particulière et désagréable.

Tous les animaux ont besoin d'air pour la respiration; et les êtres mêmes qui, comme les poissons vivent constamment dans l'eau, ne sont pas exempts de cette nécessité, car ils y respirent l'air qui y est dissous, et si cet air ne s'y renouvelle pas, ou si par un moyen quelconque il en est enlevé, ils meurent suffoqués. Sans vouloir

te rappeler maintenant ce que déjà je t'ai dit
touchant la composition de l'air, je dois ajouter
que de ces deux principaux éléments, l'*oxygène*
et l'*azote*, le premier est plus soluble que le second : de sorte que l'air qui se trouve dissous
dans l'eau est plus oxygéné que l'air atmosphérique.

IV. Mais il est temps, sans autre préambule,
de te signaler quelques expériences décisives
qui te montreront la composition de ce corps,
jugé pendant un si grand nombre de siècles in-
décomposable et par conséquent simple.

Qu'on dispose un appareil de manière qu'un
tuyau de porcelaine, contenant une spirale de
fil de fer, soit rougi au feu, et que par ce tuyau
puisse passer la vapeur développée par suite de
l'ébullition d'une quantité d'eau donnée ; que
de l'autre extrémité parte un tube plongeant
dans un récipient préparé de façon à pouvoir
contenir purement et exactement la matière
aériforme qui passera par le tuyau de porcelaine. — Afin de rendre cette expérience plus
décisive, il conviendrait de tenir compte de la
quantité d'eau réduite en vapeur ; du poids de
la spirale de fil de fer avant et après l'opération, et aussi du poids de la matière aériforme
resultant de l'opération même. — Cette opération
terminée, tu reconnaîtras dans la spirale qui,

étant rougie par le feu, a servi au passage de la
vapeur aqueuse, un changement important : de
propre et nette qu'elle se trouvait auparavant,
elle est devenue complètement rouillée; elle a
augmenté de poids, preuve évidente qu'elle
s'est chargée de matière. Déjà d'après la lettre
précédente tu as pu connaître quel est le principe qui produit la rouille des métaux : c'est
l'oxygène lui-même, dont la participation dans
la formation de l'eau est démontrée de cette
manière jusqu'à la dernière évidence. La quantité d'oxygène qui entrait dans la vapeur
aqueuse, passée par le tuyau rougi au feu, pourrait être indiquée par l'augmentation de poids
du tuyau lui-même.

V. Dans le récipient où s'est recueilli le produit final de l'opération, on retrouve une matière aériforme, un gaz qui possède des propriétés totalement différentes de celles de l'oxygène, — un gaz invisible, insipide, inodore, —
tellement plus léger que l'air que si on gonfle
une bulle de savon, un ballon de taffetas très-
fin, la bulle et le ballon montent et flottent
dans l'espace. Ce gaz n'oxyde aucun corps.
Un animal vivant qu'on y introduirait tom-
berait suffoqué; une chandelle allumée s'y
éteint à l'instant même. Ce gaz est, au contraire, capable de s'oxyder lui-même à une

haute température, en développant une flamme et une chaleur intenses ; c'est donc un gaz combustible, ou plutôt, pour mieux le définir, inflammable à tel point, qu'aucun corps ne l'est à un égal degré. Les chimistes l'ont appelé *hydrogène*. Les radicales grecques de ce mot signifient *générateur de l'eau*. Jusqu'à présent aucun chimiste n'est parvenu à le décomposer : on le considère donc comme un corps simple, — comme un véritable élément.

La flamme est produite par la combustion d'un corps gazeux, ou tout au moins vaporeux. Celle qui se développe des bois, des huiles, des bitumes, de l'esprit de vin, est encore de l'hydrogène qui entre en si grande abondance dans la composition de ces substances, toutes décomposables au degré de chaleur où l'hydrogène brûle lui-même. Mais, dans ces corps, ce n'est pas à l'état pur que l'hydrogène brûle ; il brûle en même temps avec du carbone que ces substances contiennent en forte proportion. Plus cet hydrogène est carburé, plus la flamme qu'il engendre est brûlante et vive.

Lorsqu'on tient allumée une petite flamme d'hydrogène sous une cloche de verre, on voit se former sur ses parois intérieures un voile d'humidité : celle-ci se réunit en gouttes fluentes, que leur examen fait reconnaître pour de l'eau

pure. Donc l'hydrogène, en brûlant, engendre
l'eau : cela t'explique suffisamment la raison du
nom qui lui est assigné. — L'eau, c'est de l'hydrogène brûlé, — c'est de l'oxyde d'hydrogène.

VI. Un appareil merveilleux, qui fait époque
dans l'histoire de la civilisation humaine, c'est
celui qu'on doit à notre grand Volta : — c'est la
pile qui prit son nom (1) et qui, diversement

(1) La pile voltaïque est aussi appelée électrique, galvanique, — et par M. Biot, appareil électro-moteur. Elle
fut découverte en Italie en 1794, selon quelques-uns; en
1800 par d'autres, et connue en France vers 1801. Cet
appareil merveilleux, employé aujourd'hui dans toutes les
parties des branches physiques, a le pouvoir d'exciter un
courant électrique continu à travers les corps conducteurs
interposés entre ses pôles.

La pile la plus simple est la pile à colonnes : elle se
compose de disques de cuivre et de zinc superposés et
séparés en couples ou éléments de deux disques, par une
rondelle de drap humectée d'une dissolution saline ou
d'acide sulfurique. L'extrémité zinc est le pôle positif;
l'extrémité cuivre le pôle négatif. — Un fil conducteur
réunit les deux pôles et établit le courant.

M. Léon Foucault s'est servi en 1844 de la pile à
charbon de M. Bunsen, légèrement modifiée, pour produire
la lumière électrique. Les corps qui reçoivent l'électricité sont le zinc et le charbon; les liquides conducteurs
sont l'acide nitrique et l'acide sulfurique. Cet appareil
électro-moteur est ainsi décrit dans le *Dictionnaire universel des Sciences* : L'acide nitrique et l'acide sulfurique
sont séparés par un vase poreux de terre cuite qu'on
remplit avec de l'acide sulfurique étendu d'eau, et dans
lequel on plonge un manchon de zinc amalgamé; ce vase
repose sur le fond d'un autre vase de verre qui contient

modifiée dans sa constitution, mais toujours identique dans le procédé intime de son action, opère des prodiges auxquels nos aïeux ne songèrent jamais. Il n'est pas de composé qui résiste à la force décomposante de cet appareil.

l'acide nitrique; dans cet acide, et autour du vase poreux faisant l'office du diaphragme, se place un cylindre de charbon fabriqué avec du coke; ce cylindre, à sa partie supérieure placée hors du liquide, porte un cercle de cuivre sur lequel s'adapte la bande propre à établir les communications électriques; le manchon de zinc porte une bande pareille, et c'est par une pince de métal qu'on réunit ces bandes pour composer les piles.

On applique l'électricité fournie par la pile voltaïque :

A la télégraphie électrique (l'appareil qui fonctionne aujourd'hui sur presque toutes les lignes de chemins de fer est celui de M. Samuel Morse, professeur à l'Université de New-York, qui l'appliqua d'une manière définitive, aux Etats-Unis, en mai 1844);

A la galvano-plastie (qui reproduit par l'action du courant galvanique les médailles, monnaies, sceaux, cachets, timbres, bas-reliefs, statues; multiplie les planches de cuivre gravées; donne les moyens de fabriquer les moules pour la fonte des caractères d'imprimerie et les caractères eux mêmes; recouvre nos ustensiles domestiques d'une couche d'un métal inaltérable — or, platine ou argent; reproduit en cuivre les moules faits sur des fruits, des végétaux, des parties d'organes des plantes ou des animaux, cuivre, zingue, plombe, divers métaux usuels) ;

A l'horlogerie électrique ;

Aux moteurs électro-magnétiques ;

Au tissage des étoffes de toute qualité (métiers Bonelli) ;

Lorsque l'on tient l'extrémité des deux fils conducteurs qui partent de la pile de Volta plongée dans l'eau, un double phénomène ne tarde pas à se produire. Si ces fils, comme d'ordinaire, sont de cuivre, tu verras l'une des extrémités

A l'enrayage des locomotives (essais encore nouveaux et dont il faut déplorer le petit nombre);

Au télégraphe des locomotives ou télégraphe volant (appareil Bonelli) qui établit une correspondance entre deux trains quel que soit le sens de leur marche;

A l'inflammation des fourneaux de mines (sièges, exploitation des carrières, creusement des tranchées de chemins de fer;

A l'éclairage électrique (aujourd'hui d'un usage très-répandu pour les grands travaux que l'on veut mener sans interruption);

A la physiologie et à la thérapeutique.

Enfin le rôle de la pile, dit M. Louis Figuier (*Exposit. et Hist. des principales découv. scientifiques modernes*, 2e édition), comme agent de l'industrie, est destinée à acquérir tôt ou tard une importance infiniment plus sérieuse, et le moment n'est peut-être pas très-éloigné où les courants électriques et les traitements par les réactifs remplaceront, dans nos usines, les grandes opérations par le feu.

Alexandre Volta est né à Côme (Lombardie) en 1745; il est mort le 6 mars 1826, à l'âge de quatre-vingt-un ans. Dans la vie de ce grand homme, écrite par François Arago (*Notices biographiques*, tome 1er), nous lisons cette note (page 222): « Les effets merveilleux de la pile acquièrent chaque jour plus d'extension. Quant à ses propriétés médicales, quant à la faculté qu'elle possède, dit-on, de guérir, par ses décharges, certaines maladies d'estomac et les paralysies, j'ai dû, faute de renseignements suffisamment précis, ne pas céder à l'invitation qu'on

immergées se couvrir d'une espèce de mousse verte, qui n'est autre chose que de la rouille, ou de l'oxyde de cuivre même uni à une petite quantité de l'eau ambiante : de l'extrémite de l'autre fil s'échappent, au contraire, des bulles d'hydrogène pur. Mais si, par exemple, les deux fils sont d'un métal d'une oxydation très-difficile — d'or ou de platine, — tu les verras développer tous les deux des bulles de gaz : c'est-à-dire de l'un encore de l'hydrogène, et de l'autre de l'oxygène. On peut aussi disposer l'appareil pour recueillir séparément les deux gaz, de manière à en pouvoir déterminer la quantité respective en volume, — et on trouve alors que le volume de l'hydrogène est exactement le double de celui de l'oxygène.

VII. Voilà donc l'analyse de l'eau faite ; et, par un rare bonheur, il est en notre pouvoir de lui donner le dernier cachet de l'évidence, en combinant les éléments séparés et en reproduisant avec ceux-ci la même quantité d'eau décom-

---

m'a faite de m'en occuper. Je dirai toutefois que M. Marianini, de Venise, l'un des physiciens les plus distingués de notre époque, a obtenu récemment, dans huit cas de paralysie intense, des résultats si complètement favorables, à l'aide de l'action habilement dirigée des électro-moteurs, qu'il y aurait, de la part des médecins, la négligence la plus coupable à ne pas porter leur attention sur ce moyen de soulager l'humanité souffrante. »

posée ; c'est-à-dire en opérant sa *synthèse*. Lorsqu'en effet, dans un mélange d'hydrogène et
d'oxygène on fait pénétrer une allumette en-
flammée, ou bien éclater une étincelle électrique, instantanément se produit, avec une forte
explosion, la combustion de l'hydrogène.

Si cette expérience a lieu dans une petite
cloche de verre à parois épaisses et solides,
renversée sur du mercure et contenant bien
exactement deux volumes d'hydrogène et un
d'oxygène, au moment où on y fait éclater l'é-
tincelle électrique, a lieu la combinaison instantanée des deux gaz ; il se forme de la vapeur
aqueuse qui, à l'instant, se condense, se réduisant en une goutte d'eau tellement petite, qu'on
peut presque considérer l'espace de la clochette
comme vide ; et, en effet, la pression de l'air
pousse le mercure à l'occuper.

Suppose maintenant que le mélange n'ait pas
été fait dans la proportion désignée ; — qu'un des
deux gaz, par conséquent excède l'autre ; — la
quantité excédante demeurera libre ; le mercure
ne remplira pas parfaitement la clochette. La
même chose a lieu lorsque, au mélange gazeux
distribué dans la proportion requise pour faire
l'eau, on ajoute un autre gaz moins combusti-
bls que l'hydrogène ; — suppose, par exemple,
de l'azote : — celui-ci, après qu'on aura fait

partir l'étincelle électrique, y restera dans la
même quantité qu'auparavant.

Tel serait, par exemple, le cas où, au lieu
d'introduire de l'oxygène pur dans la clochette
en même temps que de l'hydrogène, on introduirait de l'air atmosphérique.

En réfléchissant un peu sur toutes ces choses,
tu vois qu'on peut combiner l'expérience de
manière à faire dans un même moment l'analyse de l'eau et celle de l'air. Une clochette
de verre disposée pour ces sortes de recherches, graduée de manière à pouvoir mesurer
avec précision les volumes des divers gaz qui
y seraient introduits et celui du gaz résidu de
la combustion de l'hydrogène, est un instrument
précieux appelé *Eudiomètre.*

Les proportions des composants de l'eau, que
tu connais maintenant en volume, seraient en
poids, les suivantes :

$$\begin{array}{ll} \text{Oxygène} & 88,905 \\ \text{Hydrogène} & 11,095 \\ \hline \text{Eau} & 100,000 \end{array}$$

VIII. La connaissance que tu as acquise touchant la composition de l'eau t'expliquera quelques-uns des effets les plus ordinaires de son
action sur différents corps. Tu as la précaution
de tenir à l'abri de l'humidité les objets d'acier

poli, afin qu'ils puissent conserver leur éclat et
être préservés des dommages de la rouille ; tu
agis en telle occurence contre la puissance oxydante de l'eau, et non-seulement de l'eau à l'é-
tat ordinaire ou liquide, mais aussi de celle existant à l'état de vapeur dans l'atmosphère. La
présence de cette vapeur dans l'air est indispensable afin qu'il puisse lui-même déployer
tout son pouvoir oxydant ; et, plus tard, tu
verras de quelle importance est ce pouvoir. Si,
tout à coup, l'air atmosphérique devenait et se
maintenait parfaitement sec, l'état actuel de la
création terrestre serait profondément altéré
surtout dans les conditions qui sont nécessaires
au développement des êtres vivants.

IX. Tu me demanderas peut-être où existait
cette masse d'eau qui comble à présent les excavations de la superficie terrestre, alors que
celle-ci était encore incandescente dans les premières époques de notre globe ? Je te répondrai que l'eau se trouvait toute alors dans l'atmosphère à l'état de vapeur, d'où elle s'est précipitée en conséquence du réfroidissement successif de la croûte terrestre.

Déjà, dans la troisième lettre, je t'ai appris
que l'atmosphère primitive du globe a dû être
beaucoup plus dense et plus haute que notre
atmosphère actuelle ; et que, bien que composée

des mêmes éléments, ceux-ci y entraient cependant en des proportions très-différentes : — il y existait de l'acide carbonique et de la vapeur aqueuse en immense prépondérance. L'on déduit cet état de l'atmosphère — d'une composition différente de la composition actuelle — de plusieurs des considérations déjà exposées ; de faits que je te ferai connaître plus tard, et qui tous démontrent dans l'écorce terrestre, des effets uniquement attribuables à une forte pression ; enfin des conditions de développement des premiers êtres organiques.

LETTRE SIXIEME.

—

I. Si l'air et l'eau ne sont pas des corps simples, sera-t-il nécessaire que j'accumule des preuves expérimentales pour te convaincre que la terre aussi n'est pas un élément? Cette erreur de la doctrine ancienne sur la composition des corps, déjà depuis plusieurs siècles, n'a pas besoin d'une réfutation spéciale. Cette doctrine s'écroula dès que l'homme eut commencé à examiner, à tourmenter les divers corps de la nature avec le feu, à les mettre en contact les uns avec les autres, ou mieux en action réciproque. Les alchimistes concoururent d'abord à ce grand mouvement d'expérimentation; ils s'appliquaient avec une sorte de fureur à la

recherche de la *pierre philosophale*, pensant
qu'elle devait procurer à l'homme une jeunesse
éternelle, et lui donner la puissance de transformer en or les plus vils métaux.

Les rêves extravagants de ces chercheurs
infatigables ont pourtant produit ceci de bon,
qu'ils éveillèrent l'esprit d'investigation, lequel,
bien que d'abord aveugle et désordonné, con-
tribua néanmoins à détourner l'intelligence humaine du vieux système d'imaginer et de supposer ce qui doit être touché et vu. Nous devons
aussi aux alchimistes la découverte fortuite de
quelques-uns des vrais éléments et l'invention
d'appareils et de procédés qui sont encore en
usage aujourd'hui. L'alchimie (1) ne fut pas

(1) Voici quelques-unes des découvertes que la chimie, la médecine et l'industrie doivent aux alchimistes :
— A l'Arabe Géber ou Giaber (VIIIᵉ siècle) le sublimé
corrosif (muriate suroxydé de mercure); le précipité
rouge (oxide rouge de mercure); l'eau forte (acide azotique); la pierre infernale (nitrate d'argent fondu); le
foie de soufre (mélange de couleur brunâtre où il entre
plusieurs sulfures de potassium, (employé comme
excitant dans les maladies de la peau); le lait de soufre
(précipitation d'un sulfhydrate par un acide).

A l'Arabe Rhasès ou Razi (Xᵉ siècle) la préparation de
l'eau-de-vie.

A Albert-le-Grand (Allemand, XIIIᵉ siècle) la prépa-
tion de la potasse caustique à la chaux.

A Arnaud de Villeneuve (Français, XIIᵉ siècle) les
trois acides, sulfurique, muriatique et nitrique; les eaux

étrangère aux premiers progrès de la chimie ;
de même que l'astrologie ne le fut pas à ceux
de l'astronomie,

L'acquisition de tout savoir est longue et fatigante, toujours précédée d'une succession
d'erreurs et d'incertitudes. Cette période, que
nous dirons d'enfance, fut très-longue pour la

spiritueuses et les élixirs ; l'essence de térébenthine ; les
premiers ratafias ; les premiers essais réguliers de distillation.

A Raymond Lulle (son disciple, né à Palma, île Maïorque) préparation du carbonate de potasse au moyen du
tartre et aussi des cendres des bois ; rectification de l'esprit-de-vin ; préparation des huiles essentielles (huiles
volatiles, esprits aromatiques) ; la coupellation (purification) de l'argent ; préparation du mercure doux (protochlorure).

A Basile Valentin (fin du XVe siècle) les diverses propriétés curatives de l'antimoine (le stibium des anciens),
le sel volatil huileux (carbonate d'ammoniaque empyreumatique) ; l'esprit de sel (acide chlorhydrique) ; il distille
le vin, la bière, et en rectifie le produit sur du tartre calciné (carbonate de potasse) ; enseigne à retirer le cuivre
de sa pyrite ; décrit les propriétés explosives de l'or fulminant ; obtient l'éther sulfurique.

Paracelse (du canton de Schwitz, XVIe siècle) fait
connaître le zinc et s'efforce d'introduire dans la médecine l'usage aujourd'hui si répandu des préparations antimoniales, mercurielles, salines, ferrugineuses,

Van Helmont (de Bruxelles, XVIIe siècle) prépare le
laudanum de Paracelse ; obtient l'esprit de corne de
cerf (liquide jaunâtre, d'une odeur pénétrante, formée
en grande partie de sous-carbonate d'ammoniaque) ; découvre l'existence des gaz.

chimie, qui ne compte pas plus d'un siècle de
véritable vie. Mais je ne puis ici te retracer
l'histoire — curieuse et instructive cependant
— des vicissitudes par lesquelles passa l'esprit
humain, avant d'atteindre à l'état actuel des
connaissances touchant la composition des corps.
Qu'il te suffise de savoir que les corps simples

A Rodolphe Glauber (Allemand, XVIIe siècle) le sel
qui porte son nom (sulfate de soude); les bains de vapeur
par encaissement; l'extraction du tartre de la lie de vin.

Jean Kunckel (né à Hutten, duché de Sleswig XVIIe
siècle) retrouve, après Brand (de Hombourg) la composition du phosphore.

A Jean-Conrad Dippel (XVIIIe siècle) l'huile animale
ou huile de Dippel (huile empyreumatique extraite de la
corne de cerf); — on peut aussi l'obtenir en distillant
toutes sortes d'os, — employé comme antispasmodique et
souvent avec succès contre l'épilepsie et le ver solitaire;
un élixir acide dont on a modifié la composition: le bleu
de Prusse (Berliner blau, — ferrocyanide de fer).

L'alchimie, probablement enseignée dans les collèges
de Mages à Babylone, ainsi que dans les sanctuaires de
Memphis, qui compta parmi ses fervents disciples des
rois, des empereurs et même des reines, entr'autres Eli-
sabeth d'Angleterre, est aujourd'hui représentée par
M. Th. Tiffezeau, de Nantes. (Voir son ouvrage intitulé :
Les métaux sont des corps composés (Paris, 1857, librairie
centrale des sciences, rue de Seine-Saint-Germain, 13.)
L'auteur termine ainsi : « J'espère que mes autres expériences mettront bientôt, je n'en doute pas, dans un nouveau jour, la possibilité de le transmutation de l'argent
en or, c'est-à-dire le phénomène tout entier si longtemps
contesté et désormais incontestable, de la transmutation
des métaux. »

ou élémentaires aujourd'hui reconnus, c'est-à-
dire les corps indécomposables malgré les
moyens puissants dont nous pouvons disposer,
ne sont pas seulement au nombre de quatre,
mais de soixante-deux. De ces vrais éléments
selon la science moderne, tu connais déjà l'oxygène, l'azote, l'hydrogène ; et, si tu y ajoutes le
chlore, tu auras le tableau complet de ceux à
l'état gazeux. Les autres, si tu en exceptes deux
liquides, — le brôme et le mercure, — sont tous
solides. Le plus grand nombre est constitué par
les métaux ; mais, avant de parler de ceux-ci,
il faut que je te fasse connaître quelques corps
simples non métalliques d'une grande importance.

II. Je ne saurais mieux commencer que par
le carbone. Ce mot te rappelle un objet très-
vulgaire, le charbon commun, dans lequel, en
effet, tu peux reconnaître les propriétés essentielles de cet élément, qui dans le charbon cependant n'est pas pur. Les cendres qui restent
dans le fourneau après la combustion, sont des
matières tout à fait étrangères, qui peuvent
manquer, comme elles manquent en effet, dans
le charbon obtenu non plus avec le bois, mais
avec d'autres substances végétales, comme le
sucre, l'amidon, la gomme. La première qualité
de cet élément qui te frappe d'abord, c'est sa

couleur noire. Je pourrais, à l'aide de mille expériences, te faire voir que le carbone forme une
partie essentielle de l'organisme de tous les
êtres vivants. Sa présence en ceux-ci est mas-
quée par sa combinaison avec les autres principes : à peine cette combinaison se dissout-elle
de manière à rendre libre, ou, pour ainsi dire, à
mettre du carbone à nu, qu'apparaît la couleur propre à cet élément. C'est précisément
ce qui arrive dans ce procédé que nous appelons vulgairement *torréfaction* et *carbonisa-
tion* du bois, du sucre, de la farine et nous
pourrions ajouter du sang, de la viande et des
os ; — procédé qui te sera connu par la suite,
et qui consiste en une combustion imparfaite de
ces diverses substances. Dans les couches de
l'écorce terrestre on trouve d'immenses dépôts de matières végétales qui ont subi cette
altération particulière, dans lesquelles cependant
dant l'excès de carbone se manifeste à la simple vue : — les charbons fossiles, les lignites, les
tourbes te servent d'exemple. Une autre matière qui se trouve également dans le sein de
la terre, et qui est entièrement formée de carbone, est le *graphite* ou *plombagine*, dont on
fait ces crayons anglais si renommés.

Sous quelque état que ce soit et quelle que soit
son apparence, le carbone est absolument infu-

sible aux moyens ordinaires, non volatil, c'est-
à dire non susceptible de passer à l'état de vapeurs. A haute température et en contact avec
l'oxygène, il brûle en se transformant en acide
carbonique, ainsi que le démontre la combustion des charbons dans le fourneau. Le carbone
une fois brûlé, il n'est plus au pouvoir de
l'homme de le rétablir, ou, si tu aimes mieux,
de le ramener de nouveau à l'état de liberté et
de pureté, en en séparant l'oxygène. Mais ce
que la science humaine ne peut faire, la nature,
la savante et prévoyante nature le fait. L'occasion se présentera bientôt de te montrer que
l'acide carbonique, qui se forme par des procédés si nombreux et si variés, et qui par sa
forme gazeuse tendrait à s'accumuler dans l'air,
est absorbé par les plantes, qui en chassent
l'oxygène, et en retiennent comme principe nutritif le carbone.

Que la couleur noire qui distingue le charbon
ne te fasse pas illusion, et ne va pas croire
que celle-ci soit une qualité essentielle du carbone, car je puis t'indiquer un corps limpide et
transparent au suprême degré, dans lequel tu
est bien loin de soupçonner une identité de nature chimique avec le charbon. Je suis sûr
d'exciter en toi le plus profond étonnement en
te disant que ce corps est le *diamant*. Là en-

core tu pourrais voir une belle preuve de la
manière dont l'esprit humain arrive par des
voies différentes à une même vérité, de quelle
manière les diverses branches de la science
maintiennent entre elles les plus étroits, les
plus nécessaires rapports. Tu sais très-bien
quelles sont les qualités qui font du *diamant*
la reine des pierres précieuses : une dureté extrême, invincible, et une splendeur particulière
qui présente aux regards, en rapides et magni-
fiques successions, suivant les mouvements,
les plus belles couleurs de l'arc-en-ciel. Cette
dernière qualité suffit à faire naître dans l'esprit de Newton le soupçon que le diamant pouvait être une substance combustible. La preuve
expérimentale manquait. Cette preuve se fit en
Italie (1), dans cette *Académie del Cimento* qui,
de Florence, répandait sur toute la terre les
lumières du savoir, à une époque si glorieuse
pour notre nation, et qui, hélas ! par notre faute
et pour notre honte, eut son déclin ! On vit alors
un diamant, placé à une très-haute température et au libre contact de l'air, se consumer
entièrement sans se fondre. Ce fut un premier
pas vers la découverte de la vraie nature chi-
que de ce corps entièrement révélée par le

(1) En 1694.

grand et malheureux Lavoisier, quand il montra que, par sa combustion, le diamant se résout entièrement en gaz acide carbonique.

Le diamant et le charbon sont donc une
même chose pour les chimistes, et deux choses
bien différentes, non-seulement dans l'opinion
commune, mais aussi pour les naturalistes,
qui, en étudiant les corps de la nature, doivent
prendre en considération tout l'ensemble de
leurs caractères sensibles. Si tu me demandes à
présent quelle est la cause de l'énorme différence qui existe entre les qualités du charbon
et celles du diamant, je te répondrai qu'elle
dépend simplement du mode d'agrégation des
parcelles, et, sans aller plus loin, je t'inviterai
à conserver la mémoire de cette circonstance
pour te la rappeler dans une autre occasion qui
n'est pas éloignée.

Le carbone est le type des combustibles, et,
comme tel, le premier agent de la force matérielle de l'homme. Dans les conditions où va
sans cesse se développant la vie civile, le progrès et la prospérité industriels d'un pays sont
en rapport direct avec la quantité de carbone
non brûlé, ou, pour me servir d'un mot plus connu, de charbon qu'il possède. L'Angleterre et la
Belgique doivent toute leur prospérité aux immenses dépôts de charbon fossile qui gisent

sous les pieds de leurs industrieux habitants,
tandis que la surface du terrain est livrée à la
culture. La vapeur produite dans ce pays au
moyen de la consommation annuelle d'un si
précieux don de la nature, développe une force
équivalente au travail de plusieurs millions
d'hommes.

Tout ce carbone, — et la quantité encore plus
grande qui entre dans la composition de chaque
tronc d'arbre, de chaque tige, de chaque feuille
de la végétation actuelle, — où et en quelles
conditions existait-il dans la première époque
de la création, lorsque la terre était encore en
ignition et enveloppée par une atmosphère très-
dense? Tous les faits que la science possède
concourent à démontrer que précisément cette
atmosphère très-dense fut le règne primitif
du carbone : — et il n'est pas besoin que je te
répète — qu'il devait s'y trouver sous forme
gazeuse, et à l'état d'acide carbonique. La dé-
soxygénation de cet acide, principal ingrédient
de l'atmosphère primitive, et la solidification
postérieure du carbone, ne pouvaient arriver
que par la force assimilatrice des plantes primitives. Le carbone des plantes actuelles n'a
pas une origine différente; elles le tirent de
l'air; les animaux le prennent des plantes :
celles-ci et ceux-là le restituent à l'air au moyen

de leur décomposition, qui donne, en même temps que d'autres produits, une quantité plus grande d'acide carbonique.

III. Le soufre, dont tu connais les principales qualités de poids, de consistance, de couleur, existe en grande masse dans les entrailles de la terre à l'état de pureté, et combiné avec beaucoup de métaux. Il brûle aussi en exhalant un gaz suffocant, acide, que l'on appelle *acide sulfureux*. Par une combustion plus parfaite, le soufre engendre un acide très-puissant, excessivement corrosif, l'*acide sulfurique*, qui est solide; mais, pour les usages auxquels on l'emploie dans les arts, on le prépare dans une petite quantité d'eau, et il est connu sous le nom d'*huile de vitriol*. Combiné avec l'hydrogène, le soufre donne un gaz très fétide, nuisible à la vie des animaux, appelé *hydrogène sulfuré* ou *gaz sulfhydrique*. Il se dégage par la putréfaction de plusieurs substances organiques comme des choux, des œufs, du sang, etc. Cela suffira pour t'indiquer la présence dans les êtres organiques et dans leurs produits d'une certaine quantité de soufre, très-petite eu égard aux autres principes dont leur composition résulte, mais indispensable néanmoins pour leur existence. Les plantes tirent le soufre du terrain, et le transmettent dans l'organisme des animaux.

IV. Le phosphore n'existe jamais libre dans la nature : sa découverte est un fruit des manipulations des alchimistes. Il a l'aspect et la consistance de la cire; il exhale au contact de l'air une forte odeur d'ail, et il répand dans l'obscurité une lumière toute particulière, — d'où le mot *phosphorescence*. Il brûle avec une extrême facilité en contact avec l'air, engendrant un acide nommé *phosphorique*. Cet acide est précisément le composé de phosphore le plus fréquent dans la nature; jamais cependant libre, mais uni à d'autres corps, principalement à la chaux, formant dans ce cas un composé désigné sous le nom de *phosphate de chaux*, qui se trouve disséminé abondamment dans le sein de la terre, d'où les plantes le tirent pour le communiquer aux animaux, chez lesquels il constitue principalement la partie dure des os. La chair, le sang et la cervelle des animaux contiennent aussi une faible mais nécessaire quantité de phosphore.

V. Le nom de chlore n'est certainement pas nouveau pour toi, car il se rattache au souvenir du fléau qui de l'Hindoustan vint, en ces dernières années, désoler les villes les plus florissantes de l'Europe. Chacun de nous se rappelle que, dans l'intention de détruire les germes de la contagion, on faisait développer d'un mé-

lange de sel commun — oxyde de manganèse (1)
et acide sulfurique — un gaz verdâtre, d'une
odeur très-forte, irritant fortement les voies
respiratoires et soluble dans l'eau. Ce gaz est
précisément le *chlore*. Parmi ses nombreuses
propriétés, il en est une qui doit particulièrement t'intéresser : il attaque promptement les
couleurs végétales et les fait disparaître : l'encre
elle-même ne résiste pas à ce puissant agent.
C'est par lui également qu'on obtient le blan-
chîment rapide, presque instantané des toiles.
Dans la nature il n'existe jamais libre, mais
en combinaison avec un petit nombre d'autres
éléments. Avec l'hydrogène, il constitue un
acide gazeux appelé *muriatique* et maintenant *hydrochlorique* ou mieux *chlorhydrique*,
— produit très-abondant de quelque-unes des
localités volcaniques, spécialement du *Vésuve*.
Il forme, avec quelques métaux, des composés
très-importants ; par exemple, je citerai sa combinaison avec le *sodium* ou le *chlorure de sodium*, qui n'est autre chose que le sel commun
de cuisine. C'est dans cet état qu'on trouve presque toute la quantité de chlore qui fait partie
de la terre.

(1) La manganèse est un métal particulier qui a
beaucoup d'analogie avec le fer.

VI. L'iode, — dont la découverte ne date que de quarante-cinq ans (2), — serait encore un objet réservé aux investigations des chimistes, si dans ces derniers temps il n'eût eu de grandes applications dans l'art nouveaux de la *daguerréotypie*. — Pur et à la température commune, il est solide, d'une couleur gris d'acier, de sorte que, à première vue, tu le prendrais d'abord pour de la limaille de fer; mais cependant il est tout de suite reconnaissable à sa forte odeur, analogue à celle du chlore, et à la propriété qu'il possède de se réduire en vapeur d'un très-beau violet à une haute température. On l'extrait d'une combinaison particulière qui se trouve en dissolution dans les eaux de la mer : on a pu toutefois constater aussi la présence de ce principe, quoiqu'en proportions minimes, dans les eaux douces, dans la terre des champs et jusque dans l'air. Si les recherches très-récentes d'un chimiste français sont exactes, l'air de Paris en contient, sur 4,000 litres, $^1/_{500}$ de milligramme. On ne connaît pas encore les offices que remplit l'iode dans l'économie générale de la nature; — il est permis néanmoins d'arguer de sa grande diffusion qu'ils sont très-importants.

VII. Parmi les soixante-deux éléments des

(2) L'iode a été découvert en 1813 par M. Courtois.

modernes, prévalent en nombre les corps
doués, à des degrés différents, de propriétés
qui caractérisent communément les métaux, à
savoir : le poids, la conductibilité pour le calorique et pour l'électricité, comme nous le con-
statons dans l'argent, le cuivre, le fer, etc.
Non-seulement je dois renoncer à te montrer
les qualités particulières de chacun de ces éléments, mais encore à t'en donner le tableau
complet. Ta curiosité se trouvera à ce point
fortement excitée, et peut-être tu te plaindras
de ce que, au moment où des populations entières vont se disputer la fortune dans les contrées de l'or et de l'argent, je cherche à détourner ton attention de ce fait pour la reporter
sur des objets en apparence moins dignes. Eh
bien ! cet or et cet argent, qui dans les mains de
l'homme deviennent les instruments de la vertu,
et le stimulant du vice, peuvent bien occuper les
veilles et troubler le sommeil de ceux qui n'é-
lèvent pas leur esprit plus haut que le cercle
des passions vulgaires, mais ne doivent pas
cependant former le sujet de prédilection de
ceux qui dans les œuvres de la nature contem-
plent les œuvres de Dieu. Que la main du
Tout-Puissant stérilise en un instant dans les
entrailles de la terre les veines de ces métaux
recherchées avec tant d'acharnement : l'har-

monie de ces lois qui peuplent notre globe
d'êtres vivants ne sera pas même sensiblement
troublée. L'homme cherchera d'autres emblè-
mes de ses richesses, et voilà tout. Il imitera
le sauvage des côtes australes de l'Afrique, qui
donne à une petite coquille marine la valeur
d'une monnaie. D'ailleurs, dans la sphère des
prospérités terrestres, l'or et l'argent n'ont qu'une
valeur conventionnelle, flottante, destinée à diminuer avec le développement de l'industrie
humaine, qui fait mieux connaître où résident
les valeurs réelles et les multiplie selon les be-
soins de la civilisation croissante. — D'autres,
parmi les métaux connus communément, sont
d'une utilité bien plus grande encore; et l'on
peut dire que l'homme ne serait jamais sorti de
l'état de barbarie sans les connaître, sans les
posséder et sans en apprendre les usages multiples. Je te nommerai le cuivre, le plomb, l'étain,
l'antimoine, le zinc et surtout le fer.

VIII. Le fer est certes plus précieux que l'or,
quoique très-vulgaire, et tellement répandu que
partout tu le rencontres : — dans les entrailles
des montagnes d'où l'homme le tire pour le
travailler et en faire ses principaux instruments
agricoles, industriels ou guerriers; — dans la
terre des champs, d'où il passe dans les plantes
et va pénétrer jusque dans notre chair, dans

notre sang. Le corps humain en contient une quantité suffisante pour fondre une médaille.

On connaît ce métal sous trois états : de fer doux, de fonte, d'acier ; mais on ne le trouve sous aucune de ces conditions dans les mines d'où provient l'immense et toujours croissante quantité de fer employée dans les arts. Le fer n'existe dans la nature à l'état libre, métallique, qu'en très-petite quantité — sous forme de masses isolées à la superficie du terrain, — dans des conditions de gisement capables de faire supposer que ces masses isolées, lors de leur découverte, pouvaient être tombées du ciel.

IX. Il te semblera certainement fabuleux, incroyable que des masses pierreuses puissent tomber du ciel. Les relations souvent répétées d'un phénomène si surprenant furent considérées comme d'étranges aberrations, comme des songes d'esprits superstitieux, par les premiers savants de l'Europe, jusqu'à la fin du siècle dernier. Cependant il n'est plus permis d'élever le moindre doute sur la réalité du phénomène. Parmi plusieurs cas que je pourrais te citer à ce propos, je veux en choisir un rapproché de nous, de temps et de lieu. Par une belle et sereine matinée, le 17 juillet 1840, je me trouvais sur le sommet d'une des collines les plus

agréables de la *Brianza* (3), lorsque soudain
retentit à mes oreilles le bruit d'une très-forte
explosion dans les hautes régions de l'air. Je
n'hésitai pas un instant à soupçonner la chute
de quelque pierre du ciel; et mon soupçon fut
pleinement confirmé par la nouvelle publiée
peu de jours après dans les journaux, que deux
pierres, tombées précisément ce jour-là et à la
même heure sur le territoire de Casale, dans le
Montferrat, avaient été recueillies et expédiées
au Musée Royal de Turin, où on les conserve
encore aujourd'hui.

Les physiciens donnent à ces pierres le nom
de *météorolithes* — c'est-à-dire pierres *météoriques*, ou bien *aérolithes*, c'est-à-dire pierres
de l'air. Ces dénominations pourraient engendrer une erreur dans ton esprit, et te faire croire
que ces pierres se forment véritablement dans
l'air, comme de tant de manières se forment
les concrétions dans l'eau. Les *météorolithes*
proviennent de régions beaucoup plus élevées :
— de l'espace planétaire. On a supposé qu'elles
pouvaient être lancées par les volcans lunaires,
et je t'ai déjà démontré toute l'invraisemblance
d'une telle hypothèse : maintenant j'ajouterai
que très-probablement ce sont les fragments

(3) Dans le Milanais.

les plus petits d'une planète brisée, et dont les plus grands morceaux forment les petites planètes connues sous les noms de *Cérès*, *Pallas*, *Vesta*, *Junon*, et la foule des autres que les astronomes découvrent successivement. Quoi qu'il en soit, on ne trouve dans les météorolithes aucun élément qui ne soit également propre à notre terre. Pour la plupart, elles consistent en une pierre grise analogue, quant à la composition, aux laves de nos volcans, avec de petits grains de fer métallique. Mais il y en a quelques-unes composées de fer pur, gris, luisant, malléable, capable d'être travaillé à la forge sans aucune préparation préalable ; — l'une des météorolithes de ce genre fut celle qui tomba à Hradscina, en Croatie, de plein jour et en présence d'une nombreuse population. Entre ces météorolithes et les masses de fer métallique gisant à la surface du terrain en Sibérie, en Hongrie, dans le Sénégal, au Mexique et dans d'autres localités, il y a non-seulement ressemblance, mais véritable identité d'aspect et de composition, et à un tel point, que nous sommes obligés d'admettre aussi une identité d'origine (4).

(4) Les plus petits corps planétaires sont ceux que nous appelons *astéroïdes*, et qui produisent le phénomène des étoiles filantes, des pluies de feu, etc. Le nombre

3*

X. Le fer existe dans les entrailles de la terre constamment combiné avec d'autres éléments, et par conséquent non reconnaissable dans ses propriétés les plus ordinaires. Avec le *soufre* il constitue un fort beau minéral, la *pyrite*, si semblable à l'or par la couleur et par l'éclat, que bien des gens s'y trompent. Cependant, sous les coups du marteau, la pyrite se

qu'il en peut passer tout-à-coup entre le soleil et la terre est dans quelques cas assez grand pour produire une espèce d'éclipse. On a eu des exemples extraordinaires de ces passages dans les années 1106, 1206, 1545 et 1706 : dans cette dernière année, l'obscurcissement du soleil dura trois jours consécutifs.

Il est extrêmement intéressant d'observer que le plus grand nombre d'étoiles filantes correspond seulement à certaines nuits déterminées : comme à celles du 6 au 12 décembre, à la dernière de novembre, à celles du 15 au 20 octobre, du 25 au 30 juillet, du 9 au 10 et du 20 au 26 avril, du 1er au 3 janvier ; mais spécialement aux nuits du 12 au 13 novembre et du 10 au 11 août. Il est des personnes qui croient même qu'ont peut attribuer le changement de température qui a lieu souvent du 10 au 13 mai et du 7 au 12 février (époques distantes précisément d'une demi-année du 10 août et du 12 novembre) au passage d'un grand nombre de petits astéroïdes devant le soleil.

Il semble que les corps que nous appelons astéroïdes ou *étoiles filantes* soient de volume différent et à des distances variables du soleil. Ils paraissent entourés par un nuage de matière non condensée, et même résulter sensiblement de celle-ci. Quelques-uns paraissent lumineux par eux-mêmes, en cela que, dans le temps où ils sont visibles, ils se trouvent à une trop grande distance de

manifeste par l'odeur de soufre qui s'en dégage et aussi par sa grande fragilité. Cette
substance minérale, grâce à sa composition de
soufre et de fer, subit souvent, livrée au contact de l'air humide, une transformation particulière : de compacte et brillante qu'elle était,
elle se résout en une fleuraison verdâtre, d'une
saveur piquante, styptique, absolument semblable à celle de l'encre, où ce nouveau composé qu'on obtient de la pyrité se trouve réellement contenu. C'est la *couperose verte*, résultant de l'acide sulfurique et de l'oxyde de fer
combinés, et produite par une oxydation de
chacun des éléments de la pyrite et une combinaison nouvelle et successive des oxydes.

notre atmosphère pour attribuer à une combustion dans
celle-ci la lumière qu'ils émanent. Ceux de ces astéroïdes qui possèdent un noyau solide, et qui passent
assez près de la terre pour en être attirés, donnent lieu
aux *aéréolithes;* — nous appelons, au contraire, *bolides*
ceux résultant d'une matière non condensée, qui se con-
sume entièrement dans leur rapide passage à travers
l'atmosphère.

Si les aéréolithes et les bolides sont de même nature
que les astéroïdes, il est évident que, s'il existe pour
ceux-ci une périodicité, elle existera aussi pour ceux-
là. Un auteur moderne a constaté qu'en effet les jours
signalés par le plus grand nombre de pierres météoriques sont les 12 et 13 novembre, le 10 août, les 9 et 10
avril, le 13 décembre, les 27, 28 et 29 novembre, les 1er
et 2 janvier, jours notés également par la plus grande
quantité d'astéroïdes visibles.

XI. Plus importantes et plus utiles à l'industrie humaine sont les combinaisons directes du fer avec l'oxygène. On distingue trois composés minéraux de cette nature.

L'un noir, pesant, qui a la propriété d'agir à distance sur l'aiguille de la boussole et de la faire dévier de sa direction : c'est l'*aimant*, — celui qui, en comparaison des deux autres, contient le moins d'oxygène et, par conséquent, le plus de métal. Comme tel c'est le minerai de fer le plus productif.

L'autre est souvent luisant, gris d'acier ou gracieusement irisé. A l'état de poussière et terreux, il est de couleur rouge, et ressemble à l'*ocre* ou terre rouge des peintres.

En tout semblable à celui-ci, quant à ce qui regarde les proportions des deux éléments fer et oxygène, est le troisième minéral. Il en diffère parce qu'il contient une certaine quantité d'eau — d'où son changement de couleur ; — au lieu d'être brillant d'acier lorsqu'il se trouve en masse compacte, il est brun, et, au lieu d'être rouge, il est jaune quand il est en poussière, comme l'ocre ou terre jaune du commerce. Ce minéral, auquel on donne le nom de *fer hydroxydé*, est le plus répandu dans la nature ; car c'est celui dans lequel l'action de l'air tend à changer le fer métallique et

tous ses composés les plus communs : rien d'é-
tonnant donc si la terre des champs en contient
constamment, quoiqu'en dose variable. Au
moyen d'une forte chaleur capable de dissiper
toute l'eau que renferme l'*ocre* jaune, elle se
transforme en ocre rouge : c'est ce qu'on observe en grand dans la cuisson des glaises
communes dont on fait des tuiles ou des briques, toutes plus ou moins riches de ce fer hydroxydé.

XII. L'art d'extraire le métal des oxydes de
fer compte certainement parmi les plus importants et en même temps les plus difficiles et les
plus compliqués, quant au but qui est d'obtenir le plus grand produit avec le moins de dé-
pense possible. Le progrès industriel d'un pays
peut se déterminer par le degré de perfectionne-
ment auquel cet art est porté.

Je t'ai déjà parlé de la propriété que possède le mercure oxydé de perdre son oxygène, et partant, de se réduire à l'état métallique à une haute température. Une semblable
propriété n'appartient pas aux oxydes de fer,
de zinc, de cuivre, d'étain, de plomb, qui conservent l'oxygène fortement combiné à quelque chaleur que ce soit. Il y a cependant des
corps qui, en comparaison de ces métaux, ont
une tendance encore plus forte à s'oxyder, et

qui à un feu très-ardent mis en contact de leurs oxydes, enlèvent l'oxygène de ceux-ci et les réduisent à l'état métallique. Le premier parmi ces corps est le charbon : et c'est précisément du mélange du charbon avec le minerai de fer dans les fours qu'on obtient le métal ordinairement à l'état de fonte. — La réduction, par le même moyen, des oxydes de zinc, de plomb et de cuivre, est encore plus facile.

LETTRE SEPTIEME.

—

I. Les Métaux les plus précieux. — II. Silice. — III. Alumine. — IV. Chaux. — Potassium et Sodium; leurs oxydes. — VI. Feldspath et sa grande importance. — VII. Sel commun. VIII. Sel de nitre. — IX. Ammoniaque.— X. Les petites quantités dans la nature.

I. A la fin du siècle dernier, la plus grande partie des métaux étaient déjà connus et constituaient une famille très-nombreuse parmi les corps élémentaires; mais on distinguait encore au nombre de ceux-ci une autre catégorie formée par les terres (*silice, alumine, magnésie, chaux,* etc.) et par les alcalis (*potasse, soude*). Cependant la science s'étant enrichie d'un nouveau et puissant moyen analytique dans la pile de Volta, un chimiste anglais, Davy, eut le mérite d'appliquer le premier ce moyen à l'examen de ces corps, considérés jusqu'alors comme simples, et d'arriver bien vite à reconnaître que

les terres et les alcalis ne sont pas des corps
élémentaires, mais des corps composés, des
oxydes de métaux : — métaux particuliers qui
se distinguent des autres, plus anciennement et
plus vulgairement connus, par un poids moindre, une conductibilité plus faible pour le calorique et pour l'électricité, et par une tendance
beaucoup plus grande à s'oxyder. Si on leur
cherchait un qualificatif commun, celui de *métaux légers* leur conviendrait. La silice est un
oxyde de silicium ; l'alumine un oxyde d'aluminium ; la magnésie un oxyde de magnesium ;
la chaux un oxyde de calcium ; la potasse de
potassiun ; la soude de sodium.

C'est dans cette nouvelle famille de métaux
que nous trouvons les plus précieux, les plus
nobles, si le prix et la noblesse d'une chose se
mesurent à l'étendue de son utilité, à la part
qu'elle prend à l'accomplissement d'un grand
but, d'une loi suprème. En effet, ces métaux, à
l'état d'oxydes, sont les principaux composants de l'écorce solide de notre globe : ils forment les matériaux que l'homme emploie pour
construire, embellir ses maisons, ses monuments ; ils jouent un rôle, je ne dirai pas
seulement important, mais encore nécessaire à
la conservation de la vie sur la surface terrestre. Quelques-uns de ces oxydes métalliques,

ou, pour répéter, quelques terres et quelques
alcalis, sont les composants essentiels de la
terre végétale, et celle-ci non - seulement reçoit dans son sein les racines des plantes, mais
elle leur administre des principes nécessaires
au développement des plantes elles-mêmes, et
qui les rendent propres à soutenir la vie des
animaux.

Les résidus de la combustion de nos bois communs, les cendres, contiennent constamment,
quoiqu'en proportions variables, de la silice, de
l'alumine, de l'oxyde de fer, et outre cela, de la
chaux, de la potasse, de la soude, — ces dernières unies aux acides dont tu connais déjà les
composants, tels que l'acide carbonique, l'acide
sulfurique, l'acide phosphorique. Or, tous les
éléments solides des cendres, à l'exception du
carbone qui s'y trouve à l'état d'acide carbonique, ont été auparavant absorbés du terrain par
la plante. Quelles conséquences si celui-ci n'en
contenait par une portion convenable! Tu pourrais en voir la gravité par une expérience très-
simple.

Si tu mettais germer, par exemple, du blé dans
un terrain que tu aurais artificiellement préparé,
sans qu'il contienne une proportion convenable
de ces oxydes, — un terrain formé, je suppose,
de charbon pur, de silice pure ou de soufre pur,

—et que tu arroserais avec de l'eau distillée. Le
blé possèdant en lui des matériaux qui lui sont
propres, il aura la force nécessaire pour donner naissance à une petite plante ; celle-ci pren-
dra d'autres matériaux à l'air et tendra à se développer de plus en plus ; mais alors ne trouvant pas dans le terrain ce qu'il faut pour l'a-
chèvement de son organisation, elle s'arrêtera
dans son développement et mourra.

Je ne dois pas ici m'étendre sur un argument
que je développerai plus amplement dans la
suite ; je ne puis à présent te montrer toute l'influence de la composition minérale du terrain
sur la végétation. Ce que je viens de dire pourra
te persuader combien l'échange serait funeste
pour l'homme s'il voyait ces métaux : —
silicium, aluminium, calcium, potassium, sodium, — remplacés par autant d'or et d'argent !
La fable ancienne a bien symbolisé l'aveugle
avidité humaine dans le malheureux Midas,
roi de Phrygie, à qui avait été concédé le terrible don de transformer en or tout ce qu'il touchait.

Je veux maintenant te faire connaître en peu
de mots les principales propriétés, non pas de
ces métaux, mais de leurs combinaisons les
plus ordinaires parmi celles si nombreuses et
si variées que nous offre la nature dans la
croûte du globe.

II. La silice se trouve pure dans le quartz ou cristal de roche; moins pure, mais toujours libre, elle forme les agates, les jaspes, la pierre à fusil ou silex ; et tu la reconnaîtras, dans tous ces états, par la dureté qu'elle possède au point de donner des étincelles sous les coups du briquet; — à son insolubilité dans l'eau, et à son infusibilité au feu même le plus intense, provoquée par les moyens ordinaires, lorsqu'elle s'y trouve seule. Mêlée, au con- traire, à un peu de potasse ou de soude, elle a la propriété de se combiner intimement à ces oxydes et de se fondre en un verre. La quan- tité de silice libre qui existe dans la nature est petite, comparativement à celle qui se trouve dans des composés compliqués avec l'a- lumine, la soude, la potasse, la chaux, la ma- gnésie, l'oxyde de fer.—Ces composés prennent le nom générique de *silicates*.

III. L'alumine se trouve également libre, sous l'aspect d'une pierre ordinaire, ou bien sous celui du cristal; elle se distingue de la silice par une résistance encore plus grande au feu et par une plus grande dureté; dans cette der- nière propriété, le diamant seul l'emporte sur elle. Lorsqu'elle est limpide et cristalline, elle se présente souvent avec de très-belles cou- leurs et forme alors des pierres précieuses, telles

— qualifiés d'orientaux, afin de les distinguer d'autres émeraudes, d'autres topazes, d'autres rubis moins précieux en comparaison, possédant une splendeur et une dureté moindres — et dus à une composition différente.

Quand on la trouve en masse privée de transparence et d'éclat, elle sert, réduite en poussière, à former l'émeri. On peut avoir l'alumine à l'état terreux, en versant dans une solution d'alun de roche (sel très-connu, formé par l'acide sulfurique, l'alumine et la potasse), une certaine quantité d'autre potasse, de la soude ou de l'ammoniaque. Le dépôt qui se forme en pareil cas, recueilli, lavé et desséché, se présente comme une terre très-fine, blanche, happant fortement à la langue, formant avec l'eau une pâte tenace, laquelle, cuite au feu, se resserre et durcit. Cette manière de se comporter, qui est propre aussi aux argiles communes, est due à la présence dans celle-ci d'une quantité notable d'alumine terreuse libre. D'ordinaire, cependant, l'alumine se trouve combinée avec la silice et avec d'autres oxydes, formant ainsi une longue série de silicates alumineux, dont il sera bon que je te fasse connaître quelques-uns plus particulièrement.

IV. Deux espèces de pierres, si fréquentes et si communes, que des collines et des chaînes entières de montagnes en sont formées, nous offrent la chaux. Dans l'une d'elles, elle se trouve en combinaison avec l'acide carbonique, dans l'autre avec l'acide sulfurique.

Dans le premier cas on a la pierre à chaux, la roche *calcaire*, d'aspect varié dans la structure et dans la couleur ; tantôt susceptible d'un beau poli, comme dans l'innombrable série des marbres ; tantôt d'aspect commun terreux ou pierreux. Toutes les immenses variétés de cette pierre ont cependant des propriétés communes et celles-ci principalement : une dureté si médiocre, que non-seulement le silex, mais presque tous les silicates l'entament ; une décomposition facile avec effervescence par les acides nitrique et sulfurique ; la perte de l'acide carbonique par l'action du feu, et conséquemment sa réduction en chaux vive. De quelle manière on obtient la chaux avec le feu, et quels usages on tire de celle-ci pour les constructions, il n'est pas besoin que je te le rappelle.

La combinaison de la chaux avec l'acide sulfurique donne le *plâtre*. A l'état naturel, elle retient constamment unie une certaine quantité d'eau qui s'échappe sous l'action de la chaleur, par l'opération de la cuisson. Le plâtre, ainsi desséché, conserve une forte tendance à s'incorporer une nouvelle quantité d'eau et à la solidifier en lui-même; de là, l'usage très-étendu qu'on fait de cette matière.

Le calcaire, ainsi que le plâtre, sont légèrement solubles dans l'eau, — celui-ci beaucoup plus que le premier. Les eaux potables en contiennent toujours une dose très-petite, et elles s'en privent en partie dans leur passage par les tubes distributeurs. Celles qui en retiennent dissous en dose plus grande que d'ordinaire, sont désignées sous le nom d'eaux séléniteuses, du mot *sélénite*, synonyme scientifique de plâtre : et, comme déjà je te l'ai dit dans une lettre précédente, ce sont des eaux crues, pesantes, pour me servir d'une expression vulgaire; elles ne sont pas propres aux usages communs et principaux de ce liquide. La terre végétale contient toujours et doit contenir dans une certaine mesure des composés de chaux ; le défaut et l'excès de cette mesure sont également nuisibles à la végétation; l'un aussi bien que l'autre exigent une correction du terrain, ou, comme on a coutume de dire, un *amendement*. C'est du plâtre que les plantes tirent le soufre qui, bien qu'en petite et presque inappréciable quantité, est un principe essentiel à leur nutrition, à leur accroissement, et qui les rend propres aussi à servir d'aliment aux animaux.

V. Maintenant je te parlerai de la potasse et de la soude, et je t'entretiendrai aussi quelque peu de leurs métaux. On peut obtenir ceux-ci de leurs oxydes, traités à un feu violent, lorsqu'ils sont prélablement mêlés à de la poussière de charbon. Ces métaux se présentent doués d'un brillant argentin : ils sont mous comme de la cire, légers, fusibles à une chaleur plus faible que celle nécessaire à l'ébullition de l'eau. La célérité, l'avidité de ces métaux à s'oxyder sont telles, qu'un de leurs morceaux jeté dans l'eau y produit un curieux spectacle : on le voit brûler à l'instant et être entraîné dans un mouvement rapide, tourbillonnant, projetant des étincelles et de petites flammes. Outre que ce spectacle est très-agréable, il est aussi très-instructif, quand on réfléchit à sa cause et à son résultat. Le morceau de potassium ou de sodium décompose l'eau instantanément, brûlant aux dépens de l'oxygène de celle-ci, et allumant en conséquence les bulles d'hydrogène qui se dégagent à l'entour ; le métal oxydé est instantanément dissous, la potasse et la soude étant très-solubles dans l'eau.

Ces deux oxydes ont entre eux une grande ressemblance ; c'est-à-dire qu'ils jouissent de plusieurs propriétés communes, parmi lesquelles prédomine une action très-énergique et

contraire à celle des acides, — en raison de
quoi ils formaient dans la science du siècle dernier, avec l'ammoniaque, que je te ferai connaître tout à l'heure, un petit groupe de corps
dits *alcalis*.

Les acides tempèrent et adoucissent l'action
des alcalis et *vice versâ;* la cause en est la
prompte et presque instantanée combinaison
des uns avec les autres, d'où résulte un nouveau composé. C'est ce qu'explique la raison
pour laquelle les taches laissées par les acides
sur certaines étoffes, dans la teinture desquelles
il entre une couleur bleue végétale, disparaissent si on les humecte avec une solution alcaline. La potasse et la soude dissolvent de même
avec beaucoup de facilité les matières grasses
— par une vraie combinaison avec celles-ci —
et en formant dans ce cas un savon. Quand tu
sauras que dans la cendre qui sert à la lessive
se trouve contenue beaucoup de potasse, tu
pourras te rendre compte de ce qui se passe
dans cette opération.

La potasse s'appela pour quelque temps alcali
végétal, parce que l'immense quantité qui en est
employée annuellement dans la fabrication du
verre, ainsi que dans celle d'une certaine quantité de savon — le savon mou, — se tire des cendres des plantes, dans lesquelles elle se trouve

contenue en combinaison avec l'acide carbonique. De ce fait que toutes les plantes contiennent constamment, quoique en proportion variable, de la potasse, et quelques-unes de la soude,
tu pourrais comprendre l'importance du rôle
que jouent ces oxydes dans l'économie des
végétaux. Mais d'où ceux-ci les tirent-ils? A
une semblable demande, ta réponse est toute
préparée, et tu infères qu'ils la doivent trouver
dans le terrain. La terre des champs est constituée du mélange de matières hétérogènes,
mais principalement des détritus et de la dis-
grégation des pierres qui forment le massif
des montagnes. Parmi ces pierres il est une
nombreuse famille chez laquelle la potasse
entre comme élément constitutif en même
temps que d'autres oxydes, mais principalement avec l'alumine et avec la silice.

VI. Parmi les silicates doubles d'alumine et
de potasse dominent deux substances minérales que l'on peut ranger, à cause de leur
grande abondance, parmi les principaux composants de l'écorce solide du globe : ces substances
sont le *feldspath* et le *mica*, que tu rencontres
associées mais distinctes, et particulièrement
reconnaissables à un examen attentif, dans une
pierre très-commune : — le granit. Observe
un morceau de cette pierre, dont l'usage est si

répandu dans les édifices des cités subalpines et surtout de l'opulente Milan. Les particules d'aspect vitreux, à cassure irrégulière, sont de quartz, ou silice pure; celles à lamelles planes, brillantes sous certaines incidences de lumière, ordinairemement d'un blanc qui se rapproche de celui de la perle, — et de couleur rouge dans le superbe granit de *Bavèno* (1), — sont de feldspath; les autres qui se présentent comme de petites écailles minces, de couleurs variées, luisantes comme du métal, sont de mica. Ces composants du granit sont encore mieux reconnaissables dans certains blocs que les constructeurs rejettent, mais que les naturalistes recherchent précisément parce que le quartz, le feldspath et le mica sont en gros morceaux facilement séparables et partant plus convenables pour l'étude.

Le feldspath forme à lui seul la substance fondamentale d'autres roches, et, par exemple, les porphyres. Il présente plusieurs variétés dues particulièrement à la substitution totale ou partielle de la soude à la potasse, — substances très-liées entre elles, soit par l'analogie des caractères, soit par leur fréquente con-

(1) Sur la route de Milan aux îles Borromées; près de Bavèno, est la célèbre carrière de marbre de Gandoglia.

comitance. Il convient cependant d'ajouter que le feldspath à base de potasse est plus commun que celui à base de soude.

Tous les feldspaths se fondent à une forte chaleur en une sorte d'émail ; aussi cette propriété rend-elle précieuses les espèces de plus grande pureté — à grandes lames blanches — pour la fabrication de la porcelaine. Par l'action de l'air extérieur avec la coopération d'autres causes qui ne sont pas encore bien connues, les feldspaths sont sujets à un changement singulier, en raison duquel ils perdent une partie de leur potasse : mais alors leur composition et leur structure en restent profondément altérées. La pierre d'abord brillante et solide se ternit, se défait, se convertit en une substance terreuse, dans laquelle on voit prédominer les qualités de l'alumine que je t'ai déjà fait connaître, — elle perd aussi sa fusibilité au feu. Cette substance minérale, résultant de la décomposition d'un feldspath pur est une argile également blanche et pure, nommée *kaolin*, et dont on se sert pour faire la pâte de la porcelaine, dont le feldspath en poudre forme pour ainsi dire le vernis. Quand c'est une roche de feldspath impur qui se décompose, le kaolin qui en résulte alors se rapproche des qualités de l'argile commune. En faut-il davantage pour te persuader que toutes les argiles n'ont pas eu d'autre mode de formation?

La meilleure terre des champs doit sa formation à la décomposition du feldspath, du mica et d'autres silicates analogues alumineux doubles. Les feldspaths peuvent être considérés comme les dépôts principaux et originaires de la potasse, dont les plantes ont un si grand besoin.

Si notre pensée remonte le long cours des âges passés du globe, et si elle s'arrête à celui de sa première consolidation, on reconnaîtra clairement qu'à cette époque il ne pouvait exister ni argiles, ni sables, ni graviers, ni tous ces mélanges si impurs et si variés qui constituent actuellement nos terres arables. Les feldspaths et les autres substances minérales de composition analogue, étaient les principaux composants de la pâte solidifiée qui forma la croûte du sphéroïde terrestre, comme ils le sont encore des parties de cette croûte primitive qui sont visibles pour s'être élevées au-dessus des dépôts dont elle a été postérieurement recouverte.

VII. La potasse est également un principe constitutif du sel de nitre, qui paraît sous la forme d'efflorescences blanches sur les parois humides des grottes et des caves. Dans une telle condition elle se trouve combinée avec un

acide très-puissant, l'acide nitrique (azotique),
qui se forme dans l'air atmosphérique lui-même,
dans des circonstances qu'on n'a pu encore
bien déterminer.

Cet acide résulte d'une union intime d'azote
et d'oxygène; mais cette union est très-peu
stable, et la facilité avec laquelle elle se dissout est très-grande. Dans ce cas l'oxygène,
au moment où il se dégage, lorsqu'il est à l'é-
tat naissant, comme disent les chimistes, attaque avec une grande force les corps avec lesquels il se trouve en contact. Si dans de l'eau
contenant quelques gouttes de cet acide on
plonge une lame de fer, aussitôt elle se rouille.

La déflagration bien connue du nitre sur les
charbons ardents provient de la rapide cession
d'oxygène par une partie de son acide. Une
déflagration encore plus vive et vraiment instantanée est produite par une seule étincelle
sur un mélange convenablement préparé de
nitre, charbon et soufre; — c'est précisément
un tel mélange qui constitue la poudre à canon.

VIII. Le silicium, l'aluminium, le calcium,
le potassium, tels que nous les voyons dans la
nature, se trouvent constamment combinés avec
l'oxygène. Le sodium existe souvent aussi dans
le même état; mais une quantité incomparablement plus grande de ce métal est en com-

binaison avec un autre élément—le chlore. Cette
combinaison, que scientifiquement on nomme
chlorure de sodium, est de toutes les substances minérales une des plus vulgaires, des plus
connues, des plus nécessaires à la vie de
l'homme : — c'est le sel commun ou sel de
cuisine. Tu n'as qu'à te rappeler tout ce que j'ai
dit déjà en parlant de l'eau, pour te former une
idée de la diffusion de ce composé dans la nature. Non-seulement il est disséminé en petites
et imperceptibles quantités dans une grande
partie des matières constituantes des couches
de la surface terrestre, et délayé incessamment
par les eaux pluviales, mais il forme dans
beaucoup de localités des masses très-considérables, — tantôt mêlé au plâtre, à l'argile, au
sable; tantôt tout-à-fait pur, compacte, d'aspect
presque vitreux; parfois limpide et incolore; —
parfois aussi coloré par les infiltrations métalliques. Il prend dans ce cas le nom de *sel*
gemme. On en trouve d'immenses dépôts en
différents pays: —il suffira de te citer les dépôts
de Vieliczka en Pologne et ceux de Cardona
en Catalogne. Et quelle quantité plus grande
encore de sel commun se trouve dans les abîmes de la mer!

Je t'ai dit plus haut que, des alcalis contenus
dans le sol, la potasse surtout est celui que les

plantes préfèrent; elles l'absorbent et s'en servent dans l'acte de la végétation. Les plantes qui croissent le long des plages maritimes absorbent, au contraire, de la soude, — quelques-unes même en si grande quantité, que la cendre provenant de leur combustion en est très-riche. La plus grande partie de la soude qu'on emploie dans les verreries et dans la fabrication du savon, n'a pas d'autre origine.

IX. On connaît depuis longtemps déjà une substance singulière, qui jouit à un degré énergique des propriétés caractéristiques des alcalis, et se comporte à l'égard des acides comme la potasse et la soude, mais qui se distingue de ceux-ci par une composition particulière, car il n'y entre ni oxygène ni métal. Cette substance c'est l'*ammoniaque* ou alcali volatil. A l'état libre elle est gazeuse, très-soluble dans l'eau, à laquelle elle communique ses propriétés, et d'une odeur très-pénétrante, caractéristique, produisant une vive quoique passagère irritation des voies nasales et des yeux. Elle se compose d'hydrogène et d'azote, et c'est ce qui fait qu'elle se développe abondamment de la putréfaction des substances animales, — particulièrement des urines, dans lesquelles ces deux éléments se trouvent en forte proportion.

L'air en contient toujours et partout une quantité petite, — imperceptible par rapport à ses autres composants, — mais destinée à de grands offices dans l'économie de la nature, car les plantes en vivent, et préparent avec elle les matériaux nutritifs des animaux. Cette petite mais essentielle quantité d'ammoniaque répandue dans l'air se forme en partie par l'union de l'azote avec l'hydrogène de l'humidité atmophérique, sous l'influence de l'électricité des nuages, et se trouve de là dissoute dans les eaux pluviales, spécialement dans les eaux de pluie d'orage; — elle résulte encore en partie de la décomposition des produits végétaux et animaux. Elle est aussi, comme l'acide carbonique, en contre-échange, en passage continuel dans l'atmosphère; à peine se dégage-t-elle des êtres organiques morts, qu'aussitôt elle est reprise par d'autres êtres organiques, qui naissent. — Pas un atome n'est perdu dans la nature.

X. Cet exemple, avec d'autres que tu as trouvés dans les lettres précédentes, concourt à te démontrer que des quantités de matière si petites, si ténues, si dispersées que personne ne peut s'apercevoir de leur présence, et qui semblent choses tout-à-fait méprisables et accidentelles, remplissent, au contraire, les offices

les plus importants dans l'ordre de la nature.
Des myriades de familles de végétaux peuplent la surface du globe, et vivent dans le sein
de cette atmosphère, sans laquelle on ne saurait pas même concevoir leur existence; mais
ils vivent des deux principaux éléments de
l'air, — spécialement des très-petites quantités
d'acide carbonique, de vapeur aqueuse, d'ammoniaque que la nature y tient dispersées.
D'innombrables phalanges de plantes plon-
gent leurs racines dans le terrain ou sucent
les matériaux nutritifs, et cependant la couche
du terrain ne perd rien de son volume. C'est que
les plantes vivent moins aux dépens de la silice,
de l'alumine, de l'oxyde de fer, qui constituent
la base de chaque terrain cultivable, qu'à ceux
des petites quantités qui y sont disséminées de
potasse, de soude, de sulfates, et de phosphates
calcaires. En te parlant du feldspath, du mica,
et des roches qui en sont composées, je t'ai fait
observer de quelle importance est la part qu'ils
prennent à la formation de la terre végétale,
et cela grâce au principe qui y entre en moindre
proportion, — à la potasse.

Ainsi, tout dans l'œuvre secret de la nature
vivante, est opéré par le concours nécessaire
et perpétuel des petites quantités et des petites forces.

LETTRE HUITIEME.

—

1. Tu pourrais, ma chère fille, me faire maintenant une demande très-naturelle. Si, en peu d'années, la science a porté à 62 le nombre des éléments, qu'adviendra-t-il de ce nombre dans les progrès ultérieurs des connaissances humaines ? Sera-t-il augmenté ou diminué ?

Personne ne pourrait donner à ta question une réponse suffisamment positive. S'il était permis d'établir une hypothèse d'après les caractères de ressemblance — presque de famille — qu'on remarque parmi les différents

corps élémentaires qui à présent nous sont connus, par exemple, entre le chlore et l'iode,
entre le potassium et le sodium, le mercure et
l'argent, il faudrait plutôt attendre, comme dernier et peut-être prochain résultat des recherches chimiques, une réduction dans le nombre
susdit. Mais quand bien même ce serait le contraire qui arriverait, le nombre des divers éléments ou corps simples ne pourra jamais s'é-
tablir en quelque proportion avec la variété
infinie de leurs composés. D'où vient cette variété ? Qu'est-ce qu'un composé où une combinaison chimique ?

II. Souviens-toi à ce propos de tout ce que
je t'ai fait connaître touchant la composition de
l'eau et sur la manière de la produire en réunissant ses deux éléments, — l'oxygène et
l'hydrogène. Le mélange de ce gaz est tout-à-
fait homogène; son volume est précisément
égal à la somme des volumes des gaz mêmes,
lesquels y conservent toutes les qualités primitives que chacun d'eux montrait séparément.
Fais intervenir une petite flamme ou une étincelle électrique, la scène changera : l'hydrogène et l'oxygène disparaissent aussitôt; un
nouveau composé se forme — l'eau — qui occupe un espace infiniment moindre que celui
occupé auparavant par le mélange gazeux.

De cet exemple tu peux tirer un double corollaire : tu aperçois tout d'abord dans le composé *eau* des propriétés sensiblement distinctes
de celles de ses composants; et, en second
lieu, par la condensation survenue des deux
éléments générateurs de l'eau, tu infères une
plus intime, une plus étroite union de leurs
dernières parcelles, — ou mieux de leurs
atomes (1). Voilà donc devenu une combinaison
ce qui d'abord n'était qu'un simple mélange.

III. Encore un exemple. — Je t'ai démontré
dans ma cinquième Lettre que dans la composition de l'eau deux volumes d'hydrogène s'u-
nissent à un volume d'oxygène; que si le mélange de ces deux gaz n'est pas fait dans ces
proportions, on obtient toujours un résidu d'hydrogène ou d'oxygène à l'état libre. La même
chose arrive, pour toute autre combinaison,
dans tous les composés connus et possibles :
— les éléments se trouvent unis en *proportions définies* — tandis que les mélanges peu-

(1) *Atome* (du grec *atomos, corpuscule indivisible)*, c'est
une parcelle d'un corps plus petite que la molécule ; de
sorte qu'on peut décomposer celle-ci ou la concevoir décomposée en atomes. Une *molécule* d'eau ne doit pas
pouvoir se diviser ultérieurement sans qu'elle change
de nature : cette division peut avoir lieu, mais alors la
molécule d'eau se sépare en trois atomes : deux d'hydrogène et un d'oxygène.

vent se faire dans toutes proportions d'ingrédients. Prends 16 onces de soufre et 100 de
mercure : en provoquant sous certaines proportions leur combinaison à une forte chaleur,
tu obtiendras 116 onces d'un nouveau composé qui sera le cinabre. Si au contraire à cette
quantité de soufre tu essayais d'unir une plus
grande quantité de mercure, tu n'aurais toujours pour résultat que 116 onces de cinabre,
la quantité excédante de mercure restant sans
se combiner.

Réfléchis, combien de combinaisons sont
possibles entre les 62 éléments connus, produc-
teurs de tant et de si divers composés ! Il y a
plus encore. Deux éléments sont susceptibles
de se combiner entre eux en proportions différentes : en ce cas, les composés qui en résultent ont des propriétés tellement distinctes,
que personne n'y soupçonnerait l'identité de
nature de leurs principes élémentaires. Tu connais déjà les principales propriétés de l'acide
carbonique; il se compose de deux volumes
d'oxygène et d'un volume de carbone à l'état
gazeux. Lorsque le charbon brûle sur les fourneaux ordinaires, tu distingues de petites flammes azurées qui effleurent les braises : ces
flammes sont produites par la combustion d'un
autre gaz qui se développe également du

charbon, et qui est composé d'un seul volume d'oxygène uni à un volume de carbone. Ce gaz est nommé *oxyde de carbone*. Au contraire, les mêmes éléments combinés dans la proportion de deux volumes de carbone et de trois d'oxygène, constituent un corps totalement différent, solide, soluble dans l'eau, de saveur très-acide, n'existant dans la nature que dans le suc de quelques plantes, comme, par exemple, dans l'oseille, où on le trouve uni à la potasse — formant de cette manière le *sel d'oseille*, qui t'est connu pour sa propriété de faire disparaître les taches d'encre de dessus les étoffes. Cet acide est l'*acide oxalique*, et le sel d'oseille est connu en chimie sous le nom d'*oxalate de potasse*.

Plus compliquée encore serait la série des composé de l'azote avec l'oxygène, dans laquelle cependant on ne doit pas comprendre l'air atmosphérique, qui est constitué de ces deux éléments en simple mélange. Un de ces composés, formé de deux volumes d'azote et d'un d'oxygène, est également un gaz qui alimente très-bien la combustion, et qui peut être respiré par les animaux et par l'homme lui-même. Il provoque dans celui-ci un état particulier et agréable d'ivresse, d'où lui vient le nom qu'il a reçu de *gaz de plaisir* ou *gaz hilariant*. Deux volumes d'azote se combinant avec deux, trois, quatre volumes d'oxygène, produisent autant de gaz particuliers ; et enfin deux volumes d'azote et cinq d'oxygène donnent naissance à l'acide nitrique ou azotique, sur lequel j'ai eu occasion de te dire quelques mots dans ma précédente lettre.

Tandis que deux volumes de vapeur de mercure et un volume de chlore forment ce que l'on nomme *calomel* ou mercure doux, substance insoluble, insipide, fréquemment employée même à forte dose comme médicament, et administrée aussi aux enfants, un autre composé des mêmes éléments à volumes égaux, se présente comme un sel très-soluble, de saveur excessivement caustique et désagréable, et compte à bon droit parmi les poisons les plus énergiques que l'on connaisse :—c'est le *sublimé corrosif.*

Ce petit nombre d'exemples — que je pourrais centupler, — te confirmera tout ce que je t'ai dit touchant le concours des éléments en proportions définies, pour former des composés ou combinaisons chimiques (et la simplicité des rapports proportionnels des éléments eux-mêmes) de sorte que, ces éléments supposés à l'état gazeux, leur combinaison se fait toujours à volumes égaux, ou à volumes dont l'un est un multiple ou un sous-multiple de l'autre.

IV. Dans l'innombrable légion des composés naturels déjà étudiés, déterminés, connus par les chimistes modernes, il est important d'introduire une grande distinction concernant leur mode d'origine ou de formation. Si nous remontons par la pensée jusqu'aux premières époques du monde, — à la période qui précéda immédiatement l'apparition des plantes et des animaux, — nous arrivons à nous persuader avec facilité qu'il y avait alors non-seulement des corps élémentaires, mais aussi plusieurs des composés naturels maintenant connus — l'eau, l'ammoniaque, les acides carbonique, sulfurique, phosphorique, nitrique, le chlorure de sodium — les oxydes de fer, de silicium, de potassium, de sodium, de calcium, d'aluminium, et les nombreuses combinaisons de ces oxydes entre eux. Par le développement des êtres vivants, apparurent de nouvelles combinaisons des corps élémentaires, qui donnèrent lieu à de nouveaux produits. Il y a dans les êtres vivants une force propre qui se manifeste aussi par des effets chimiques, par la formation de substances qui autrement n'eussent jamais existé. Le sucre, le bois, l'amidon ; puis l'albumine, la fibrine, la caséine, — substances fondamentales du sang, de la chair, du lait, — seraient précisément de ce nombre.

Tous les êtres doués de vie sont formés de parties distinctes exerçant chacune un office donné : on assigne à ces parties le nom d'*organes;* les êtres vivants sont aussi appelés pour cela *êtres organisés ;* et les substances qui les composent, ainsi que celles qui en sont produites, et qui, sans ces êtres mêmes, n'eussent point eu d'existence, se nomment *substances organiques.* Le sucre, qui est un produit direct des plantes; l'alcool ou l'esprit-de-vin, qui est un produit du sucre; le vinaigre, qui est formé par l'alcool, sont autant de substances organiques. Le nombre de ces substances qui existent dans la nature, — augmenté de toutes les autres que l'art humain en peut tirer, — est immense et vraiment incalculable; et, cependant, des 62 éléments connus, quatre seulement concourent à en former la partie principale : ce sont l'oxygène, l'azote, l'hydrogène et le carbone.   •

Dans les substances inorganiques, les éléments sont toujours en combinaison binaire, c'est-à-dire joints ensemble deux à deux, quand bien même dans beaucoup d'entre elles l'analyse démontre trois ou quatre principes. Je prends pour exemple le feldspath. Ses composants séparés et comptés, on les trouve au nombre de quatre — oxygène, aluminium, potassium, silicium; — mais le chimiste, qui cherche à connaître la manière dont ces éléments sont unis, commence par remarquer que toute la quantité d'oxygène qui existe dans le feldspath est répartie sur les trois autres éléments, avec lesquels il forme autant de composés binaires; puis, étudiant ultérieurement le mode de combinaison de ces oxydes, il reconnaît que l'oxyde de silicium se trouve réparti sur les deux autres; et il conclut, en dernière analyse, que le feldspath est constitué d'un silicate d'alumine et d'un silicate de potasse, — deux composés binaires complexes, combinés ensemble de manière à en former un autre plus complexe encore.

Au contraire, les substances organiques qui composent essentiellement les tissus des êtres vivants, sont des combinaisons ternaires ou quaternaires : — celles des tissus végétaux résultent de carbone, hydrogène et oxygène; — celles des tissus animaux, de carbone, hydrogène, oxygène et azote.

V. Dans les combinaisons organiques, la diversité de caractères parmi les corps constitués des mêmes éléments — presque dans les mêmes proportions — est si grande, que cette circonstance seule suffirait à nous convaincre que la nature et la qualité des corps ne dépend

pas exclusivement de leur composition. Tu apprendras sans doute avec surprise que le bois
et le sucre ont une composition presque identique, et qu'une analogie du même degré existe
entre le blanc d'œuf, la chair musculaire et le
fromage. Et combien d'autres exemples encore
plus singuliers ne pourrais-je pas te fournir !
rappelle toi ce que je t'ai déjà dit du carbone,
qui est cependant un corps simple, et de l'identité absolue de nature entre le charbon et le
diamant. La dernière raison de cela est encore
tout-à-fait inconnue : ce que je puis te dire,
c'est que non-seulement la nature différente
des parcelles élémentaires est la cause des diverses qualités des corps, mais encore le mode
divers d'union ou d'agrégation des parcelles
mêmes. Outre que ce sujet est trop abstrait, il
me conduirait tellement loin du but principal
de nos entretiens, que je craindrais d'exagérer
la longueur de cet article en m'y arrêtant plus
longtemps.

VI. Les divers corps de la nature, placés en
mutuel contact, exercent les uns sur les autres
une influence réciproque — ils sont entre eux
en action et réaction perpétuelles. Deux parmi
ces corps, — l'air et l'eau, — sont tellement
répandus qu'il est difficile de soustraire à leur
action les autres corps qui composent avec eux

la surface du globe. C'est à présent un fait des plus connus, que cette action se manifeste avec une énergie très-diverse : que tandis qu'une multitude d'objets se conservent des siècles au contact de l'air et de l'eau sans éprouver d'altération sensible, d'autres subissent, en contact avec ces deux éléments, une très-prompte modification. Ainsi, tandis que les objets d'or de l'antiquité la plus reculée conservent toujours la couleur, le lustre primitif, un petit morceau de potassium, placé au contact de l'atmosphère lors même qu'elle paraît sèche, perd en peu de minutes ses qualités. L'or et le potassium représentent les deux extrêmes de l'affinité différente que possèdent les corps élémentaires pour l'oxygène, à la température commune. Mais si nous passons de ceux-ci aux corps composés, l'observation journalière nous enseigne que les substances minérales résistent le mieux à l'action de l'air et de l'eau comparativement aux substances organiques; et ce fait reçoit une explication facile si l'on considère que les substances inorganiques sont pour la plus grande partie déjà complètement oxydées — brûlées, — tandis que les substances organiques sont toutes encore éminemment oxydables — combustibles. Nous voyons encore parmi celles-ci que les sub-

4*

stances végétales se conservent plus longtemps
que les substances animales. Si l'on veut chercher la raison d'un tel fait, on la trouvera en
ceci, que la stabilité de ces composés ou leur
résistance aux actions chimiques extérieures,
est en raison inverse de la complication, de la
composition et du nombre des éléments. Un
composé de deux éléments sera plus stable
qu'un de trois, et celui-ci qu'un de quatre éléments. Ainsi que je viens de te l'expliquer, les
substances animales sont celles dont la décomposition est la plus prompte; elles sont en effet
composées généralement de quatre éléments,
et même de cinq, si l'on tient compte des petites quantités de soufre, de phosphore, contenues dans la plus grande partie d'entre elles.
Cette altération est surtout facilitée parce
qu'elles contiennent de l'azote, dont l'affinité (1)
pour chaque autre élément est très-faible,
comme je te l'ai déjà fait observer dans ma troisième lettre.

(1) Ce mot *affinité* est employé par les chimistes dans
un sens tout-à-fait différent de celui qu'on lui prête
communément. Tandis que dans le langage ordinaire
affinité entre deux corps est presque synonyme de *ressemblance*, dans le langage des chimistes il signifie, au
contraire, tendance des corps *dissemblables* à se combiner. L'oxygène et le potassium ne sont certainement pas
alliés, mais ils ont cependant une grande *affinité* l'un
pour l'autre.

On a enfin pour dernier résultat de cette altération que la substance organique de composition compliquée se résout en plusieurs
nouveaux composés organiques plus simples.
Ainsi, en représentant la composition des substances végétales par le carbone, l'hydrogène
et l'oxygène; — celle des substances animales
par le carbone, l'hydrogène, l'oxygène et l'a-
zote, on comprendra facilement la raison pour
laquelle elles tendent à se décomposer, — les
premières en acide carbonique et eau; — les
secondes en acide carbonique, eau, et ammoniaque.

VII. L'eau, l'acide carbonique et l'ammoniaque se trouvaient dans l'atmosphère avant que
les plantes et les animaux n'existassent sur la
terre. C'est encore à l'atmosphère — leur primitif empire — qu'ils tendent; à peine se re-
composent-ils par suite de la destruction des
êtres organiques. Si la force assimilatrice que
ceux-ci possèdent — la force de la vie — ces-
sait son exercice, si la mort venait à frapper
toutes les plantes et tous les animaux qui peuplent la surface terrestre, la matière de tant de
milliers de cadavres rétablirait l'atmosphère
dans une condition très-proche de sa condition
primitive; — et si de nouveau les couches
corticales du globe venaient à être envahies
par le feu, ce rétablissement serait complet.

LETTRE NEUVIÈME.

—

1. Si tu prends une forte solution — soit de nitre, soit d'alun de roche, ou bien de sel amer, de sulfate de cuivre, ou de sucre, — et si tu l'abandonnes dans un bassin à l'évaporation libre, tu verras au bout d'un certain temps, grâce à la continuelle quoique lente déperdition; de l'eau dissolvante, se déposer au fond du vase la matière auparavant dissoute. A peine cette déperdition a-t-elle atteint une certaine limite, que commencent à apparaître çà et là, puis à se multiplier, s'agrandir, se rencontrer des particules dont la forme présente tous les ca-

ractères de solides géométriques circonscrits par des faces planes et luisantes comme des joyaux sortis des mains de l'ouvrier. Tu peux rendre plus intéressante cette expérience, en tenant plongée dans une solution concentrée d'alun de roche, une corbeille tissée à larges mailles avec du fil métallique enveloppé de soie qu'on emploie souvent à l'ourdissage des coiffes et des chapeaux : l'alun de roche se rassemblera autour du fil, et en peu de temps la corbeille en sera tout enjolivée.

Ce que tu fais en petit par ces expériences, s'est fait dans de bien plus grandes proportions dans le vaste laboratoire de la nature.

Parmi les curiosités naturelles que le touriste parvenu au sommet de nos Alpes, regarde avec des yeux émervillés, et que, de retour dans sa patrie lointaine, il conserve comme un souvenir des émotions variées éprouvées dans ses pérégrinations, figurent les beaux groupes de *cristal de roche*. Ce nom leur vient de ce que les anciens les croyaient formés de glace durcie (1). Depuis longtemps cependant on connaît la vraie substance dont ils sont formés, — le silex pur, — et depuis longtemps aussi ce

(1) Le mot grec *krustallos*, dérivé de *kruos*, froid, équivaut précisément au mot français *glace*.

nom de *cristal* a été appliqué à toutes les formes polyédriques (2) prises par une multitude
de corps pendant leur solidification, — leur
manquât-il même le principal caractère de cette
vague et lointaine analogie avec la glace — la
diaphanéïté. Ce beau minéral qui ressemble
tant à l'or et que je t'ai fait connaître sous le
pyrite (3), — les oxydes de fer, le sulfure de
plomb, le cuivre, l'argent, l'or, lorsqu'ils se
présentent sous forme naturelle de polyèdres
géométriques — sont considérés comme en
cristaux ou cristallisés.

L'étude des cristaux est d'une importance
telle, qu'une branche de la science lui est spécialement consacrée. Toutes les substances, en
effet, qui sont susceptibles de prendre spontanément dans leur solidification une forme cristalline, sont d'habitude étudiées et décrites dans
cet état, — qui pour elles est considéré comme
l'état parfait et normal, — de même que pour
décrire une plante on choisit l'époque de sa
pleine floraison. Cette méthode est généralement reçue, car chaque substance acquiert dans

(2) C'est-à-dire *à plusieurs faces.*
(3) Du grec *pur* ou *puritès* (feu) nom vulgaire de quelques sulfures métalliques (combinaison naturelle du
soufre avec un métal quelconque). M. Landrin en cite
dix-sept.

la cristallisation des formes tellement constantes et propres, que dans la pluralité des cas, la seule inspection de ces formes peut faire exactement reconnaître la substance elle-même ; — en second lieu, parce qu'un même corps présente à l'état de cristal toutes les propriétés qu'il avait à l'état de poussière ou de masse informe, et de plus d'autres qualités nouvelles; — enfin parce que la condition de cristal est un caractère de la pureté (dans le sens chimique) du corps lui-même.

II. Mais l'idée d'un cristal est trop imparfaitement représentée par la seule condition de forme. Qu'on prenne, par exemple, un morceau de silex, massif, amorphe (4), et que par des facettes artificielles on imite avec la plus grande exactitude un cristal de roche, on ne pourra cependant pas dire qu'on a réduit effectivement ce morceau de silex en cristal.

Tous les cristaux possèdent une structure interne déterminée, — conséquence du procédé de leur formation selon des lois imprescriptibles — et c'est même là leur caractère le plus important, car la forme peut être et est réellement en plusieurs cas simulée, altérée ou non dévelopée, tandis que la structure des cristaux

(4) C'est-à-dire sans forme.

ne l'est jamais. Grâce à cette condition, tous les cristaux, frappés en certaines directions, se rompent de manière à présenter une surface de cassure plane, lisse, brillante plus encore que les facettes naturelles extérieures; au lieu que, frappés autrement, la fracture qui en résulte est raboteuse, irrégulière. Les ouvriers qui travaillent les diamants ont été les premiers à utiliser cette propriété des cristaux. Ils préparent en effet les nouvelles facettes des diaments, — ou, comme on dit, — ils les *brillantent*, en en faisant sauter des écailles, mettant ainsi à découvert autant de faces qui n'existaient pas auparavant; les joailliers français appellent cette opération le *clivage*.

III. Nous devons considérer les cristaux comme constitués de lames superposées les unes aux autres avec un ordre constant pour chaque espèce, et chaque lame comme formée elle-même par des rangs de molécules polyèdres également disposées avec un ordre invariable. Les cristaux ne se peuvent former qu'à la condition que la matière dont ils se composent passe tranquillement à l'état solide, de manière à permettre à ses molécules de s'attirer et de se réunir par leurs facettes. Si le retour de cette matière de l'état fluide à l'état solide se fait rapidement et en tumulte, il se pro-

duira, au lieu d'une masse cristalline, un bloc
tout à fait informe. Il peut cependant y avoir
une condition intermédiaire, c'est-à-dire que la
matière elle-même peut se solidifier d'une manière qui ne sera ni suffisamment tranquille
pour produire des cristaux bien développés et
bien déterminables, ni assez violente pour troubler entièrement la tendance des molécules à
leur conjonction régulière ; en pareil cas, il
manque à la matière déposée la forme mais
non pas la structure cristalline. D'un même
sirop, suivant que l'évaporation est lente ou
précipitée, tu obtiendras ou du sucre candi en
très-beaux cristaux, ou un amas irrégulier à
lamelles brillantes comme le sucre en pain.

Dans les matériaux solides de l'écorce terrestre, les grandes masses minérales avec la
simple structure cristalline sont très-fréquentes :
— les cristaux d'un grand volume et bien formés sont relativement très-rares. Le granit,
que dans ma lettre précédente j'ai eu déjà l'occasion de te nommer, le granit est le plus bel
exemple que je puisse te citer à ce propos. Ses
composants ordinaires, intimement mélangés,
possèdent une structure évidemment cristalline, mais ce n'est que dans les vides, dans les
cavités de la roche, qu'ils se développent eux-
mêmes en cristaux bien déterminés. La craie

ou pierre à chaux, le marbre de Carrare, le spath (1) calcaire, ne sont que trois variétés d'une même substance : — la première compacte et informe ; — la seconde avec une texture évidemment cristalline, semblable à celle du sucre en pain, d'où lui vient précisément le nom de marbre saccharoïde ; — la troisième en beaux et souvent très-volumineux cristaux.

IV. Puisque je viens de te nommer le spath calcaire, je vais le prendre pour exemple afin de te démontrer quelques-unes des lois que je viens d'exposer sur les cristaux. Avant tout, je te dirai que peu de substances minérales sont propres autant que celle-ci pour mettre en évidence ce qu'on appelle la structure des cristaux. De quelque façon que tu diriges des coups de marteau sur des échantillons de spath calcaire, tu en détacheras toujours des fragments qui auront la forme de rhomboïdes (solides à six faces rhomboédriques égales), ou des lames visiblement formées par des agrégats de rhom-

(1) Ce nom de *spath*, donné par les mineurs Slaves, s'applique à plusieurs substances minérales qui présentent une évidente structure lamellaire. On a dans la nature le fer spathique, le bruni-spath, le spath pesant, le spath fluor, etc. Cette même désinence du nom d'une substance, — le *feldspath*, — est due à cette condition de structure.

boïdes. Il y a aussi une sorte particulière de cette substance, appelée *spath d'Islande*, qu'on trouve en morceaux volumineux, diaphanes, très-facilement réductibles par le clivage en gros rhomboïdes. Dans ceux-ci, nous voyons se vérifier une merveilleuse propriété acquise par la pierre à chaux à son passage à la condition de cristal : — cette propriété consiste à doubler l'image des objets vus à travers deux faces opposées du rhomboïde. Tu n'as qu'à placer un de ces rhomboïdes de spath d'Islande sur un ligne droite tracée sur une feuille de papier : en regardant cette ligne à travers le cristal, tu ne verras pas seulement une image de la ligne, mais deux; et en faisant subir au cristal des mouvements de rotation horizontale, tu verras varier la distance de ces deux images; — cette distance deviendra très-grande dans la direction de la grande diagonale du rhombe, tandis que dans la direction de la petite diagonale les deux images se rapprocheront jusqu'à se confondre. Je ne puis ici développer toutes les raisons et toutes les applications de ce singulier phénomène, connu sous le nom de *double réfraction*. Persuade-toi seulement que la forme particulière et la structure du cristal lui-même, — et non pas sa nature chimique, — en sont la cause; et, en effet, ce

phénomène d'optique se peut également vérifier dans toute autre substance qui présentera
la même forme cristalline — le rhomboïde.

V. La variété des formes géométriques sous
lesquelles peut se présenter une même substance est bien grande. Qu'il te suffise, par
exemple, de savoir que vers le commencement de ce siècle, le comte de Bournon put livrer
à la publicité un ouvrage en trois volumes
in-4°, composé tout exprès pour décrire 700
variétés de formes du spath calcaire! Si ce fait
te semble contredire tout ce que je t'ai enseigné au commencement de cette lettre touchant
la possibilité de déterminer exactement par la
seule forme des cristaux la nature de la substance qui les compose, toute espèce de doute
va cesser, dès que tu sauras qu'il y a toujours,
dans la série des formes sous lesquelles on
peut trouver une substance donnée, une forme
dominante, fondamentale, — comme serait
pour le spath calcaire le rhomboïde — qu'on
obtient immanquablement au moyen du clivage. En insistant sur cet exemple, je te
dirai que ce rhomboïde fondamental du spath
calcaire se distingue du rhomboïde de tant
d'autres substances par la valeur de ses angles : et cela d'une manière constante et sûre.
Dans d'autres substances dont la forme est un

5

prisme, c'est au contraire la proportion de la base avec la hauteur qui varie suivant la nature des substances mêmes. Les cubes seuls, les octaèdres, les dodécaèdres réguliers, n'étant susceptibles d'aucune variation, ne se prêtent pas à une méthode si simple et si certaine de distinction des substances cristallines.

VI. Cependant, bien que les formes des cristaux semblent varier sans limites et comme au caprice du hasard, il est possible de les ramener toutes à un nombre de types ou de systèmes très-restreints, dont chacun comprend plusieurs formes diverses possédant pourtant quelques propriétés communes — formes qu'on rencontre très-souvent ensemble.

Servons-nous encore pour exemple du spath calcaire. On rencontre cette espèce minérale le plus communément en rhomboèdres tantôt aigus (voir fig. 1), tantôt obtus (fig. 2), en pris-

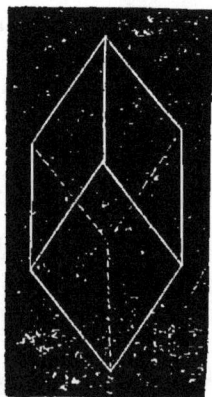

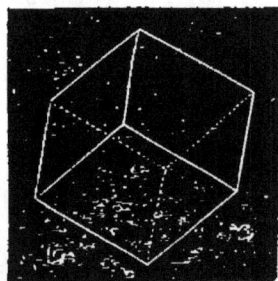

FIG. 1.   FIG. 2.

mes hexagones, soit simples, soit diversement
terminés (fig. 5).

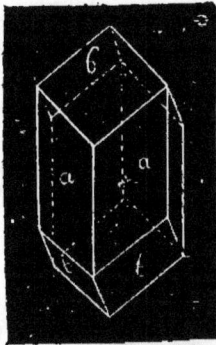

Fig. 5.

Ainsi que te l'enseigne la géométrie élémentaire, le rhomboèdre présente 8 angles
solides, 6 d'une sorte, 2 d'une autre. Qu'on
dispose le cristal de telle sorte que l'axe tendu
entre ces deux angles soit vertical : — cet axe
est variable dans sa longueur, puisqu'il y a,
ainsi que je te l'ai déjà dit, des rhomboèdres
aigus et des rhomboèdres obtus. Cet axe est
perpendiculaire à trois autres axes égaux entre
eux et horizontaux, qu'on peut supposer dans
le rhomboèdre lui-même. Nous pouvons imaginer le même système d'axes dans le prisme
hexagone : on peut même inscrire dans celui-
ci un rhomboèdre avec des axes communs aux
deux formes. Cela est suffisant pour que le
rhomboèdre et le prisme hexagone se rangent
dans un même type cristallin. Ces deux formes

se trouvent, en effet souvent combinées. Si, dans la figure 5, tu supposes agrandies les faces B jusqu'à limiter un espace et à faire disparaître les faces A, tu obtiens un rhomboèdre parfait.

Le cristal de roche appartient au même système cristallin, et se présente d'ordinaire comme dans la fig. 3, sous forme de prismes

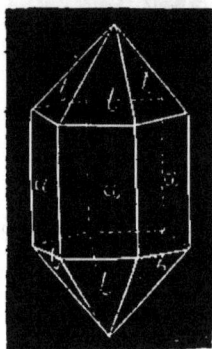

Fig. 3.

hexagones terminés par des pyramides hexagones : — ou bien encore avec les pyramides tellement développées qu'elles font complètement disparaître les faces du prisme, comme dans la fig. 6 : — on obtient alors en pareil

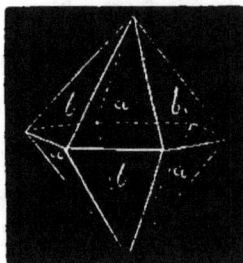

Fig. 6.

cas un dodécaèdre bi-pyramidal. Maintenant,
si dans ce dodécaèdre tu agrandis les faces A
jusqu'à faire disparaître les faces B, tu arrives
au rétablissement d'un rhomboèdre; et de
même en opérant sur les faces B de manière
à faire disparaître les faces A. Le dodécaèdre
bi-pyramidal peut donc être considéré comme
formé par une combinaison de deux rhomboèdres. L'émeraude appartient aussi au même
système, et on la trouve souvent sous la forme
représentée par la fig. 4, dans laquelle tu vois

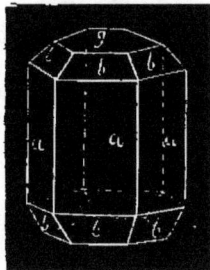

FIG. 4.

combinées ensemble les faces verticales du
prisme hexagone A, les faces du dodécaèdre
bi-pyramidal B, les bases du prisme hexagone G.

L'aimant et la pyrite appartiennent à un type
cristallin bien différent, caractérisé par ceci, que
dans toutes les formes qui lui appartiennent
il est possible d'imaginer trois axes perpendiculaires et égaux entre eux. Les formes domi-

nantes de ce système sont celles du cube
(fig. 7), de l'octaèdre régulier (fig. 8). On

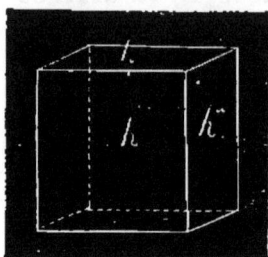

FIG. 7.

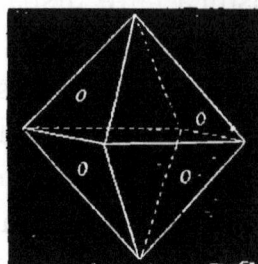

FIG. 8.

trouve souvent ces différentes formes combinées ensemble.

Observe, en effet, dans les figures 9 et 10 les

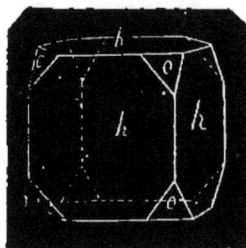

FIG. 9.

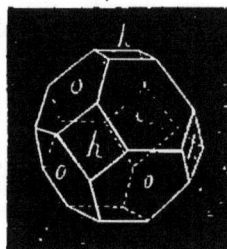

FIG. 10.

facettes H et O ; en agrandissant les premières
jusqu'à leur rencontre, tu obtiens un cube parfait : en agrandissant de la même manière
les secondes, tu obtiens un octaèdre. Ces deux
formes épointées, en apparence si différentes,
doivent être considérées toutes deux comme
des combinaisons du cube et de l'octaèdre,
avec une supériorité de l'une ou de l'autre. La

fig. 11 représente, au contraire, un cube émar-

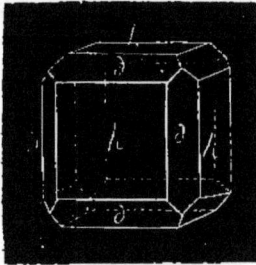

Fig. 11.

giné. Les facettes D qui y sont substituées aux
arêtes, appartiennent au dodécaèdre rhomboïdal
(fig. 12), — ce dont tu peux facilement te con-

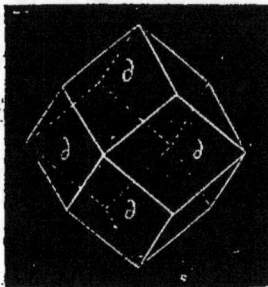

Fig. 12.

vaincre en les étendant jusqu'à faire disparaître les faces H.

Ces quelques exemples te feront comprendre
les principales règles qui ont servi aux naturalistes dans la classification des formes cristallines si nombreuses et si variées, afin de les
ranger dans un nombre de systèmes très-restreints : — 6 seulement. Chaque système ou
type comprend des espèces déterminées de

formes simples, et celles-ci associées ensemble produisent les formes composées. Il n'arrive jamais de trouver les formes d'un type combinées avec celles d'un autre.

Ces systèmes sont les suivants :

(A) *Système régulier.* — Cristaux avec trois axes égaux et perpendiculaires entre eux : — Les formes principales qui y sont comprises sont l'octaèdre régulier, le cube, le dodécaèdre rhomboïdal et leurs combinaisons.

(B) *Système pyramidal.* — Cristaux avec trois axes perpendiculaires entre eux, deux de longueur égale, le troisième (celui qui se tient vertical dans la considération du cristal) de longueur variable : — Il comprend des prismes et des octaèdres à base carrée et leurs combinaisons.

(C) *Système rhomboïdal.* — Cristaux avec quatre axes, trois égaux entre eux, s'entre-coupant à angle de 60 degrés; le quatrième perpendiculaire au plan de ceux-ci et de longueur variable : — Il comprend des rhomboèdres aigus et obtus, des prismes hexagones, et leurs combinaisons.

(D) *Système rhombique.* — Cristaux avec trois axes perpendiculaires entre eux, mais inégaux : — Il comprend des octaèdres et des prismes droits à base de rectangle ou de rhombe, et leurs combinaisons.

(E) *Système monoclinique.* — Cristaux avec trois axes inégaux, deux non perpendiculaires entre eux, et le troisième perpendiculaire au plan des premiers : — Il comprend des prismes et des octaèdres obliques.

(F) *Système triclinique.* — Trois axes inégaux, aucun n'est perpendiculaire à l'autre : — Il comprend des prismes et des octaèdres doublement obliques.

VII. Dans la nature, c'est plutôt rarement que se présentent des cristaux complets et libres : d'ordinaire ils sont engagés dans une gangue de la même substance. Il arrive aussi de voir deux ou plusieurs cristaux groupés entre eux, suivant des lois imprescriptibles. Il est quelques-unes de ces agglomérations les plus compliquées, qui sont très-curieuses et très-agréables à voir : elles prennent des formes très-variées — ce sont des croix, des étoiles, d'élégantes arborisations. Tu pourrais t'en procurer un exemple, instructif en même temps qu'agréable, si tu plaçais une goutte d'une solution concentrée de sel ammoniaque sur une lame de verre, et si tu observais au microscope la formation — qui a lieu

rapidement — d'un admirable agrégat de cristaux excessivement petits.

C'est aussi un agréable spectacle qu'offrent
les flocons de neige observés à travers une
forte lentille : tu apercevrais alors des étoiles
d'aspects variés (fig. 13 et 14) résultant d'un

Fig. 13.

Fig. 14.

groupement régulier de petits cristaux d'eau.
C'est par un procédé tout-à-fait identique que la
vapeur condensée et glacée sur les vitres des
fenêtres y forme des arborisations élégantes et
variées, dont je t'ai entretenu dans ma quatrième lettre.

Mais je commence à m'apercevoir que le sujet de cette lettre, — aride, froid et épineux,
— n'est pas des plus propres à émouvoir
l'imagination si vive à ton âge. Cependant si,
— la première impression passée, — tu par-

viens à vaincre une impatience très-naturelle, et
si tu réfléchis avec calme aux lois rigoureuses
et immuables qui président à la formation des
cristaux, tu devras reconnaître, même dans ces
objets muets et sans vie, la manifestation d'une
haute sagesse devant laquelle il faut se pros-
terner émerveillé.

LETTRE DIXIÈME.

I. La croûte de notre globe n'est certainement pas formée d'une substance homogène. Combien cette immense variété de pierres ne doit-elle pas exciter ta curiosité! A peine cependant jettes-tu les regards soit sur le lit pierreux d'une torrent, soit sur le pavage ou le cailloutage de nos rues! Ces pierres si diverses et confusément mêlées sont autant d'échantillons des grands dépôts qui forment les montagnes les plus voisines du lieu de ton observation. Mais tu pourrais en admirer une variété beaucoup plus grande et disposée avec un

ordre médité et instructif dans nos musées, où
l'on s'efforce de réunir les types de ce grand
nombre d'êtres qui furent répandus par la main
de Dieu sur la surface immense de la terre.

L'origine de ces pierres est évidemment
postérieure à la solidification de la partie périphérique du globe : et cette origine, elles
purent l'avoir par les mêmes procédés par lesquels nous voyons, — sur une échelle infiniment plus petite, dans nos officines, dans nos
laboratoires, — se former des substances solides de fluides qu'elles étaient. Je dois, au
reste, ajouter tout de suite, que les procédés qui
ont contribué à composer la croûte terrestre
actuelle peuvent être limités à deux, et ce sont :

1º La solidification d'une matière originaire
en fusion ;

2º Le dépôt, dans le sein des eaux, d'une
matière que l'eau elle-même tenait suspendue
ou dissoute.

Nous donnons le nom de *roches* aux pierres
qui existent en masses capables d'être considérées comme de véritables matériaux de l'é-
corce terrestre. Nous considérons en conséquence comme roches, le granit, le por-
phyre, la pierre calcaire. On n'en dira pas
autant de l'or, de l'argent, de la topaze, de l'é-
meraude, etc. — Quant à leur origine, nous

devons tenir compte de deux sortes de roches ;
celles produites par la solidification des masses
en fusion, et celles déposées par l'eau.

II. Ce que tu sais déjà me dispense d'entrer
dans une longue discussion pour décider dans
quelle sorte de roches on doit reconnaître les
plus anciennes, ou, pour parler scientifiquement, — les *primitives ;* car sur ce point ton
esprit se reporte spontanément à une époque si
reculée dans l'histoire de notre globe, qu'elle a
précédé non-seulement la formation des dépôts
dans les eaux, mais l'existence des eaux elles-
mêmes, — pour mieux dire, — leur précipitation par condensation des vapeurs de l'atmosphère primitive.

La dispersion de la chaleur originaire du
globe eut pour premier effet de solidifier une
couche périphérique en manière de pellicule ;
pour cette pellicule primordiale, je réclame à
présent toute ton attention.

En la supposant lisse et toute égale, — comme
nous avons raison de croire que dut être la superficie de la masse terrestre encore en fusion,
— nous n'aurions pu nous procurer sur sa structure aucune connaissance, parce que les dépôts
postérieurs formés par les eaux l'auraient entièrement recouverte et cachée à nos regards.
Mais les choses ne se passèrent pas ainsi. Les

conditions originaires de notre planète sont
telles, qu'à la suite de son lent et progressif refroidissement, survint non-seulement la condensation de la matière corticale, mais, comme
effet contemporain et nécessaire, l'altération
de la superficie, la production dans celle-ci
d'une multitude d'inégalités, de plis, d'exhaus-
sements, de dépressions, de fractures, d'extrémités disloquées, par lesquelles la pellicule
primitive de notre globe surgit çà et là et vint
nous offrir ainsi des moyens de recherches
nombreux. Cette enveloppe n'est rien moins
qu'homogène; en effet, nous y apercevons
un mélange varié de composants divers; toutefois nous pouvons théoriquement la réduire
jusqu'à un certain point à l'homogénéité, en
calculant tout ce que ces divers composants ont
de commun.

III. J'ai eu déjà occasion de te nommer le
granit et de te faire connaître ses composants,
parmi lesquels prédomine le feldspath. Il y a
plusieurs autres roches dans lesquelles cette
substance minérale forme la base; — les porphyres, les basaltes, certaines sortes de granits
à texture fine et raboteuse (et pour cela nommés *trachytes*) fréquents dans les régions volcaniques, — sont de ce nombre. Les feld-

spaths entrent en forte proportion dans les laves mêmes des volcans.

A cette substance minérale nous avons vu
s'associer le *mica*, que remplacent dans différentes autres roches feldspathiques certains
minéraux en prismes luisants, de couleur tantôt verte, tantôt noire, qui forment pour les naturalistes les espèces distinctes portant les
noms d'*amphiboles* et de *pyroxènes*. Voilà les
divers ingrédients dont le différent mélange
constitue la grande variété des roches qui forment la croûte primitive du globe et des roches
mêmes qui à des époques diverses et successives débordèrent en fusion à travers celles
précédemment solidifiées ; — tels sont aussi les
ingrédients qui forment encore la pâte fondamentale sur laquelle l'écorce terrestre repose
directement, ainsi qu'on le peut déduire de la
quantité de cette pâte que les volcans vomissent sous forme de lave.

Les roches si variées qui sont le produit im-
médiat de la solidification de la masse originaire du globe — et que, à cause de leur mode
d'apparition à la surface terrestre, nous nom-
mons *roches d'émersion* ou *de débordement*
— ont en commun les importants caractères
que voici :

1° Quant à la composition, on peut les considérer comme des silicates très-complexes, c'est-à-dire comme des combinaisons de silice avec divers oxydes métalliques, particulièrement avuc ceux de potassium, de sodium, de calcium, d'aluminium et de fer;

2° Elles sont susceptibles — grâce à cette composition — de se fondre de nouveau et de prendre l'aspect du verre ; — parlant ce sont des *roches vitrifiables;*

3° Elles ont une structure cristalline plus ou moins évidente, due au mode de leur origine : — elles sont dites pour cela *roches cristallines;*

4° Nous les voyons ordinairement par grandes masses, très-étendues, en toutes dimensions, — d'où leur vient leur autre appellation de *roches massives;*

5° Elles ne contiennent jamais de résidus de corps organiques.

IV. Si une grande partie des inégalités de l'enveloppe terrestre est due simplement au procédé de solidification de la matière en fusion interne, d'autres sont occasionées par l'émersion de masses plus ou moins grandes de cette matière. Ces deux causes — étroitement liées ensemble — ont concouru à produire ces grandes élévations de terrain que nous appelons des *montagnes.*

Suivant une théorie étrange d'après laquelle le globe terrestre était considéré comme un grand animal tournant dans l'espace, les montagnes devaient naturellement devenir les pustules de cet animal. Cette théorie repose actuellement dans l'oubli avec tant d'autres bizarreries de l'esprit humain; mais le nom de pustules de la terre donné aux montagnes peut encore se conserver comme n'étant pas tout-à-fait impropre — au moins pour indiquer le mode de leur transformation. Et ce sera chose inconcevable pour ceux qui, dominés par l'impression qu'excite la vue des gigantesques chaînes des Alpes, des Cordillères, de l'Himalaya, ne penseront pas aux rapports existant entre ces élévations imposantes et la superficie du sphéroïde terrestre. Si l'on y veut réfléchir, l'étonnement cessera, ou, du moins, aura plus de fondement et de raison.

Le Mont-Blanc (1), le Chimborazo (2), le Dawalaghiri (3) ne rendent pas plus inégale la surface de la terre, que ne le font sur une

(1) Il compte 4,810 mètres d'élévation.

(2) Fameuse montagne de l'Amérique du Sud, une des plus hautes de la chaîne des Andes : sa hauteur est de 6.520 mètres au-dessus du niveau de la mer.

(3) En Asie, sur les limites de l'État de Népaul, Sa hauteur est de 8,600 mètres.

orange les aspérités de son écorce; c'est ce
dont tu te convaincras facilement en compa-
rant l'élévation de ces hautes montagnes du
globe avec la longueur du rayon terrestre.

V. Quoique par cette considération, la valeur
des inégalités de la superficie terrestre ait diminué dans ta pensée, il faut cependant que tu
saches que ces inégalités n'ont pas été produites
sans de grands phénomènes, — de ceux que,
dans le langage libre de la poésie, on pourrait
appeler des désordres, des révolutions de la
nature. Je ne puis ici t'en retracer le tableau,
et me borne à te dire que non-seulement les
roches d'éruption se frayèrent un chemin à diverses reprises sur la surface terrestre, dislo-
quant, soulevant par vaste extension le terrain
préexistant, changeant le niveau des terres et
de l'Océan; mais de plus, dans l'impétuosité de
l'éruption, ils ouvrirent le chemin à d'autres
substances bouillant dans de plus grandes profondeurs du globe, aux métaux et à leurs composés, — principalement aux sulfures; et ceux-ci
pénétrèrent dans les crevasses du terrain, tantôt à l'état de fusion ignée, tantôt en sublima-
tions vaporeuses. Les remplissages des crevasses survenues de cette façon prennent le nom
de *filons*.

C'est dans les filons — qu'au moyen de ga-

leries profondes et compliquées — l'homme va à
la recherche et opère l'extraction des métaux
les plus usités dans les arts ; et on remarque
effectivement partout que les filons à proximité
des grandes émersions de la pâte originaire du
globe, sont les plus nombreux et les plus pro-
ductifs.

VI. Toutes les substances que les eaux qui
survinrent postérieurement ont reprises, dissoutes, entraînées et déposées de nouveau sous
une autre forme, existaient déjà disséminées
dans les roches primitives. Pour nous former une
idée de l'action puissante des premières eaux
précipitées de l'atmosphère sur la croûte nouvelle
de la terre, nous ne pourrions mieux faire que
de partir des effets sensibles que l'eau produit
tous les jours, dans ses divers états, sur les
roches nues des montagnes. Déjà dans mes
lettres précédentes, j'ai pu émettre quelques
observations qui sont encore très à propos dans
le cas qui nous occupe. Tu sais, par exemple,
quelle est l'action dissolvante que l'eau exerce
sur la chaux combinée avec l'acide carbonique,
et qu'en raison de ce fait toutes les eaux de nos
sources sont plus ou moins calcaires. Cette
action devient beaucoup plus énergique si
elle est aidée par une forte pression ou par une
haute température, ou bien si à l'eau on ajoute

un excès d'acide carbonique. Nous en avons
une preuve dans plusieurs sources d'eaux minérales surchargées de carbonate de chaux à
tel point qu'à peine arrivées à la surface du sol,
elles en déposent en grande abondance, et que
les objets baignés par ces eaux en sont en très-
peu de temps tout incrustés. — Au Mexique on
utilise une de ces sources pour obtenir des
pierres de construction. — Toutes ces circonstances se trouvaient combinées dans le premier âge de notre globe. L'atmosphère était
beaucoup plus dense que celle actuelle, à cause
d'une quantité infiniment plus grande d'acide
carbonique et de vapeur aqueuse, et elle exer-
çait sur la surface terrestre une pression plus
forte que celle qu'elle exerce de notre temps,
— et cela pendant que la nouvelle écorce du
globe conservait encore une très-grande partie de sa chaleur initiale. Les premières eaux
durent donc agir de façon à dissoudre une
énorme quantité de matières, et parmi ces
matières prédomine le carbonate de chaux,
qu'ensuite elles restituèrent de nouveau, formant ces dépôts très-étendus de marbre, de
pierres calcaires, qui ajoutèrent de nouvelles
couches à l'écorce terrestre. Par la même raison, l'action de l'atmosphère sur les roches
feldspathiques se fit sentir avec une plus grande

énergie, et il en résulta des argiles qui, trans-
portées par d'immenses débordements, se
mêlèrent, s'entreposèrent parmi les sédiments
calcaires, formèrent de vastes étendues sur
les champs que la charrue de l'homme n'a-
vait pas encore sillonnés. Mais du granit —
auquel a été enlevé par ce procédé le feldspath,
et une partie au moins du mica, susceptible
aussi de la même altération, — il ne reste
plus que le quartz disgrégé. Celui-ci, réduit à
l'état de sable et entraîné par d'impétueux
courants, descend et encombre le fond des
vallées, où les eaux, chargées de matière calcaire ou d'autres ciments, forment de ces sables incohérents, des pierres solides, des grès.

VII. Voilà, à larges traits, un tableau des
grands évènements par lesquels à la pellicule
primitive du globe s'ajoutèrent, par précipitation, de nouveaux dépôts formés de matières
préexistantes remaniées. Il est assez évident
que ces dépôts ont dû former des couches ou
masses très-étendues en longueur et en largeur — très-peu, comparativement, en hauteur — et à surfaces supérieures et inférieures
presque parallèles. Il n'est pas nécessaire que
je te démontre que le gisement ordinaire de
ces couches devait nécessairement être horizontal, comme les eaux en repos dans le sein

desquelles les couches mêmes se déposèrent;
et qu'il faut attribuer à une cause violente postérieure les déviations fréquentes de ce gisement que nous voyons aujourd'hui. — Les
roches qui eurent un tel mode d'origine sont
donc appelées, avec toute justesse, *sédimenteuses* ou *stratiformes.*

VIII. Si l'on pense, en outre, à l'origine et à la
composition de ces roches, ainsi qu'à leur analogie avec les dépôts que nous voyons tous les
jours se former à l'embouchure de nos fleuves,
on remarque aussi qu'elles n'ont pas pu se
trouver dans des circonstances favorables pour
prendre la structure cristalline — sinon çà et
là, et en petites proportions. Néanmoins nous
trouvons quelquefois des séries entières de
couches qui ont pris cette structure. Il est de
haute importance d'observer en pareil cas les
rapports de ces couches avec les massifs des couches d'émersion. Ce n'est qu'à proximité de
ces massifs que les roches stratiformes prennent la texture cristalline, et cela avec une
constance telle, qu'elle nous oblige à reconnaître, non-seulement, qu'une pareille structure
des roches stratiformes est postérieure à leur
dépôt par précipitation, mais aussi, qu'elle est
réellement due au premier contact avec les
masses ignées des roches d'émersion.

Ici l'expérience fortifie l'observation.

Tu sais très-bien qu'une forte chaleur convertit la pierre calcaire en chaux vive. Or, apprends que, si à la chaleur on ajoute une forte pression, la pierre calcaire ne se décompose plus, mais s'altère au contraire dans la texture, prenant un aspect semblable à celui du sucre en pain et se transformant en marbre statuaire. Les conditions nécessaires pour cette transformation se sont trouvées réunies dans les premières époques du globe : — forte pression de l'atmosphère, grandes émersions de roches incandescentes du dessous de l'écorce terrestre. Par ce concours de causes les premiers sédiments furent tout-à-fait transformés, — diversement selon la nature différente des sédiments eux-mêmes, — et conservèrent la disposition par couches, mais ils prirent plus ou moins évidemment la structure cristalline. Les roches qui ont subi ce changement sont dites *métamorphiques ;* — mot technique qui correspond à l'expression de *roches transformées.*

Une excursion dans nos Alpes te fournirait un exemple grandiose et instructif de tout ce que je viens de t'expliquer. Partant de la plaine et parcourant l'une de ces vallées qui aboutissent en direction presque perpendiculaire à la chaîne centrale, — les vallées par

5*

lesquelles descendent les nombreux tributaires
du Pô, — tu trouves d'abord le chemin bordé
de reliefs peu sensibles, constitués de sables,
de graviers, de cailloux confusément mêlés et
de gros blocs isolés; après avoir fait les premiers pas dans la région montueuse, tu aperçois dans les flancs déchirés des montagnes
une longue succession de couches tantôt soulevées, tantôt redressées, parfois repliées, de
pierres calcaires, de grès, d'ardoises, et souvent riches de belles et curieuses pétrifications.
Continuant toujours à gagner le haut de la
vallée, tu vois tout-à-coup la scène changer : à ces couches de substances terreuses ou
compactes succèdent d'autres couches de structure évidemment cristalline, des marbres semblables à celui de la Gandoglia dont est construite cette merveille des arts, la cathédrale
de Milan; — et, à un degré encore plus élevé
d'altitude, de grandes couches de *schistes* (ou
pierres qui se fendent) dans lesquelles prédomine le mica. Enfin après les pierres calcaires,
les grès, les ardoises, tu rencontrerais ces roches si communes encore dans les cités subalpines où elles sont employées comme pierres à
bâtir — désignées dans le langage vulgaire
sous différents noms — et dans le langage
echnique sous ceux de *gneiss*, *micaschiste* ou

schiste micacé. Ces roches sont constituées par d'anciens sédiments directement placés sur la masse d'émersion qui ultérieurement en a brisé, disloqué les couches et en a porté les bords à la hauteur où tu les vois former la crête tailladée de la grande chaîne des Alpes, et cela, non pas sans produire une profonde transformation dans la combinaison des éléments et dans la disposition des parcelles. Dans l'origine, les *gneiss* et les *micaschistes* étaient des roches stratifiées, telles que des ardoises grossières ou des grès communs : lorsque survint la grande émersion alpine ils subirent un procédé de cuisson à une pression si haute, qu'ils perdirent leurs caractères primitifs et en prirent de nouveaux.

LETTRE ONZIEME.

—

1. Les pages et les médailles de la terre. — II. Succession et âge relatif des couches et des reliefs de sa partie corticale. — III. Erreurs et préjugés vaincus par l'étude des fossiles. — IV. La science profane et les livres sacrés. — V. Les couches sédimenteuses en rapport avec la croûte primitive de la terre et avec la masse liquéfiée centrale.

I. Les dépôts qui se sont accumulés par couches dans le sein de l'Océan primitif devaient naturellement envelopper et ensevelir de nombreuses familles de plantes et d'animaux vivant dans ces eaux : — cadavres et troncs de plantes terrestres entraînés par de grands courants, ainsi que tout ce qu'il y avait alors d'organique et de vivant sur les vastes étendues de terres soudainement envahies par les eaux diluviales ou plongées dans le vaste Océan. Les restes bien conservés de ces animaux et de ces plantes sont en grande abondance : et tu les trouves souvent, tantôt comme sculptés sur les flancs dénudés des montagnes, tantôt tirés des carrières et déposés avec ordre dans nos musées, où ils excitent un étonnement général. C'est précisément à l'aide de ces restes que les naturalistes parviennent à retracer l'histoire des époques du monde antérieures à toute mémoire, à toute tradition humaine. Le nom de *fossiles* (1), qu'on appliquait autrefois à toutes les substances minérales, est de nos jours particulièrement adopté pour désigner ces restes d'êtres organiques renfermés dans les couches de l'écorce terrestre. Leur présence dans une roche est un indice certain de sa formation par sédiment dans le sein des eaux. Si les couches de la terre sont comme les pages du grand livre de la création, les fossiles méritent bien le nom qu'ils ont reçu de *médailles de la nature;* et de même que les monnaies et les médailles frappées par les hommes révèlent la succession des évènements historiques, les fossiles révèlent celle des évènements *géologiques* (2).

(1) Du latin *fodere*, fouiller, *fossum*, fouillé, *fossilis*, ce, ce qu'on tire de la terre en la fouillant.
(2) La *Géologie* est la science de la terre, et plus spécialement de sa formation, de sa structure, de ses vicis-

En effet, les couches de l'écore terrestre ne se déposèrent pas toutes en même temps et sans interruption, mais successivement et en périodes diverses. Des soulèvements de montagnes, des élevations ou des affaissements subits de plaines, interrompirent de longues périodes de repos, pendant lesquelles de nombreuses générations d'êtres vivants purent se multiplier sur la terre et dans les eaux.

Chacune de ces périodes de repos est représentée par sa *faune* et par sa *flore* spéciales (1), toujours reconnaissables dans les débris qui en sont restés.

II. Dans le langage géologique, on appelle *formation* ou *terrain* tout l'ensemble des couches (lesquelles peuvent être de matières très-diverses) déposées dans une même époque, ou

situdes avant qu'elle ne fut habitée par l'homme. Elle se divise en deux branches : l'une, dont l'unique but est de réunir des faits, est la *géognosie* — fondée par Werner, professeur de minéralogie à l'école des mines de Freiberg, en Saxe — né à Wohlau, Prusse, en 1750, mort en 1817; — l'autre, qui combine les faits, et tente de remonter aux causes premières, est la *géogénie;* cette partie de la géologie a été surtout développée et dirigée dans une voie féconde par Georges Cuvier et Alex. Brongniart.

(1) *Flore* se dit de l'ensemble des plantes d'un pays donné, ou en géologie d'une époque donnée; — *faune* de celui des animaux.

dans un même intervalle, entre deux révolutions: — c'est-à-dire des couches ayant conséquemment un caractère commun exprimé par
les dépouilles organiques restantes. Et dans une
succession de couches, on peut distinguer les
plus anciennes des plus modernes, en observant
leur position respective; ainsi, en suivant le
même principe, on déterminera l'âge relatif des
terrains, ou la succession des époques géologiques.

Il est bien évident que si de deux terrains
adjacents — l'un est disloqué par l'éruption
d'une chaîne de montagnes dont il constitue le
versant, ayant ses couches inclinées d'une
manière uniforme, tandis que les couches de
l'autre conservent leur gisement horizontal, —
on devra tenir le premier pour plus ancien que
le second, car entre la tranquille déposition de
l'un et de l'autre une période de révolution est
venue s'interposer, ce qui est manifeste par le
soulèvement d'une montagne ou d'un système
de montagnes. On pourra à l'inverse, par l'examen comparatif des terrains soulevés et de ceux
restés horizontaux dans différentes chaînes de
montagnes, déterminer l'âge relatif de celles-ci.

Pour rendre plus claire dans ton esprit cette
idée fondamentale de la science géologique, je
me servirai de quelques dessins.

Dans la figure 15 tu vois en A la section d'une masse d'émersion, que nous supposerons être de granit; en B une série de couches soulevées; en C et en D d'autres couches encore horizontales, et certainement postérieures non-seulement à la formation, mais aussi au soulèvement des couches B.

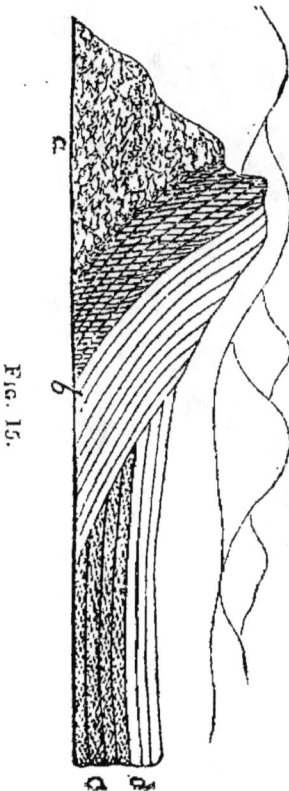

Fig. 15.

Dans la figure 16 tu vois soulevées non-seulement les couches B, mais encore les couches

C; et, étendues horizontalement, les seules couches D.

Il est facile d'induire de là que la montagne représentée par la figure 15 est plus ancienne que l'autre représentée par la figure 16. On peut

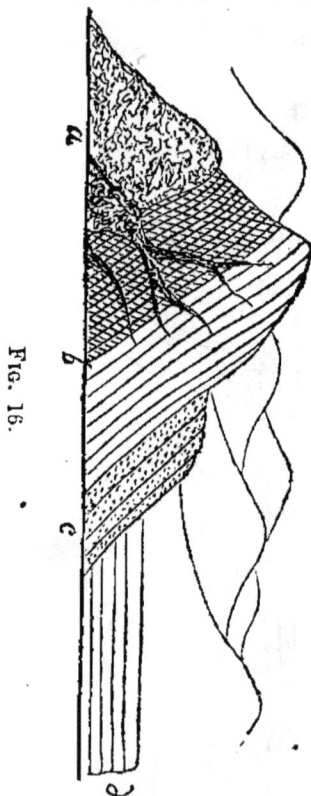

Fig. 16.

donc en inférer qu'entre la déposition des couches C et celle des couches D il y eut une période de bouleversements qui ferma une époque géologique pour en commencer une autre: et que pour cela les terrains C et D sont d'époques différentes : C antérieur à D, bien qu'en plusieurs lieux il puisse se rencontrer si concordants dans leurs gisem ents qu'ils semblent comme formés dans une même époque (1).

La diversité de gisement établit l'époque différente des terrains; — l'ordre de succession en établit l'âge relatif. Obtenu de cette manière après de longues études dans toutes les parties du monde, l'arrangement des diverses formations de sédiment , fut ensuite disposé dans un tableau en série verticale, en commençant par la plus ancienne et en remontant jusqu'à la plus moderne. Toutefois cette série est seulement théorique; c'est-à-dire que les membres qui la composent sont réunis et disposés dans notre esprit, mais qu'ils ne se rencontrent tous — régulièrement superposés l'un à l'autre — en aucun pays du globe. Tu comprends, en effet, qu'en raison des inégalités

(1) Ces figures deviennent aussi très-opportunes pour éclaircir quelques-uns des faits rapportés dans la lettre précédente.

Les couches B sont représentées avec une teinte plus foncée en proximité de l'émersion granitique A, c'est-à-dire là où elles devaient être transformées, métamorphosées. — Dans la figure 16, on voit les mêmes couches traversées par des filons qu'on suppose ici partir d'une grande masse ou filon principal.

qui se sont produites à des époques diverses et
successives dans la superficie terrestre, quelques parties de la même superficie se trouvaient envahies par les eaux, dans le sein desquelles se déposaient les sédiments, tandis que
d'autres parties se trouvaient à sec.

III. Une fois la série des terrains de sédiments établie sur le principe indiqué, on s'en
servit pour étudier la succession des êtres organiques, et ce fut cette étude qui produisit ce
grand résultat que chaque terrain possède sa
faune et sa flore spéciale, d'après lesquelles on
reconnaît aussi l'époque du terrain. Et non con-
tents d'avoir assuré cette première loi, les naturalistes s'appliquèrent par de longues et pa-
tientes recherches à établir l'ordre de succession des êtres organiques dans les couches de
l'écorce terrestre.

En peu d'années l'histoire de la création —
auparavant abandonnée au caprice de toutes
les imaginations, et qui ne consistait guère que
dans une vaine lutte d'hypothèses — se trouva
portée à la hauteur d'une véritable science, qui
bien que nouvelle, a déjà atteint de si grandes
proportions, et est appuyée sur des bases si solides que dans la hiérarchie des connaissances
humaines elle prend le premier rang après
l'Astronomie.

Les vérités nouvelles qui brillèrent tout-à-coup d'une lumière vivifiante renversèrent les erreurs et les préjugés qui pendant tant de siècles étaient passés en héritage commun aux ignorants comme aux savants, et avaient servi d'armes à des disputes aussi inutiles que passionnées. On cessa de considérer les pétrifications comme des productions accidentelles ou comme des jeux de la nature; les os des grands quadrupèdes qui se retrouvent dans les couches les plus récentes de la croûte terrestre ne servirent plus à alimenter la fable de l'existence des géants; les restes accumulés de polypes et de coquilles, — entassés en si grande abondance qu'ils forment par eux seuls des couches de marbre très-considérables, — furent reconnus pour d'anciens fonds de mer. Toutefois la découverte de semblables restes sur les hautes cimes des montagnes ne fut plus une preuve que l'ancienne mer arrivât jusqu'à ces élévations, mais bien un témoignage que de leur primitif et humble gisement ces couches furent ensuite détournées et soulevées. — L'eau et le feu eurent chacun la part qui leur doit appartenir dans les théories géologiques : les hypothèses exclusives des vulcanistes et des neptunistes cessèrent, car la part de la vérité que chacun de ces deux systèmes contenait se

6

fondit en une doctrine nouvelle et plus juste.

IV. L'absence d'os humains et de restes de l'industrie humaine dans les couches pleines de débris organiques analogues mais non identiques aux êtres qui vivent aujourd'hui, nous empêche d'attribuer la destruction, l'ensevelissement des êtres auxquels ces résidus appartiennent, — au déluge envoyé par Dieu pour punir la race humaine. Les êtres dont il nous est encore donné de contempler les dépouilles fossiles sont dits *antédiluviens*, par cela seulement qu'ils sont antérieurs au déluge de Noé : et on pourrait aussi les dire *préadamitiques*, parce qu'ils sont antérieurs à Adam, au premier homme; — antérieurs aux jours de la création racontés par Moïse.

La face de la terre fut renouvelée non par un seul déluge, mais par plusieurs, avant d'être habitée par l'homme. A ce point, ton esprit s'arrête tremblant et combattu entre ces assertions si hasardées de la science profane et les croyances si vénérées depuis ton enfance. Voici une circonstance opportune, ma chère enfant, pour méditer un instant sur les vicissitudes auxquelles, hélas! notre raison n'est que trop soumise. Cette raison fut cependant donnée à l'homme pour qu'elle lui servît de guide dans la contemplation du vrai; mais l'homme, qui tantôt défiant n'ose pas, tantôt emporté et superbe abuse de ce divin héritage, est trop souvent entraîné à de longues hésitations entre des erreurs opposées, avant de saisir enfin la vérité. Ainsi il en advint des premières découvertes de la science géologique. Un zèle certainement louable, puisqu'il était animé par l'ardeur de la foi, mais non suffisamment éclairé, fit repousser, dès leur première apparition, ces données de la science qui ne semblaient pas en pleine concordance avec le sens littéral de la Génèse; tandis que, entraîné par l'extrême opposé, l'esprit, enorgueilli de ses découvertes, les retourna avec une aveugle hostilité contre les écritures sacrées, contre la révélation, contre les traditions les plus anciennes et les plus respectées. Est-il nécessaire de dire combien les esprits prévenus s'écartèrent de la vérité! Ceux-là, n'admettant qu'un déluge, — le déluge historique et traditionnel de Noé, — allèrent jusqu'à attribuer à lui seul l'ensevelissement de tant de générations d'animaux et de plantes dans les couches du globe, — jusqu'à supposer dans la nature particulière des os humains la fossilisation qui nous manque. Ceux-ci, ôtant tout frein à leur fureur destructive, dans la crainte puérile et impie d'une preuve quelconque du déluge, nièrent jusqu'à l'existence réelle de coquilles marines dans les couches des montagnes; — et quant à celles qui s'offraient à leurs propres yeux, ils en firent compte comme de coquilles tombées là par hasard du manteau des pèlerins.

J'ai choisi à dessein ces exemples des aberrations extrêmes de l'esprit humain, — que l'histoire ne devrait pas avoir enregistrées en vain, — et qui ne purent rien contre le cours tranquille et tout puissant de la vérité. Non-seulement Dieu a parlé à l'homme directement, de sa voix, dans la révélation, mais il lui a concédé, il lui a imposé, de méditer les pages sublimes de ses œuvres. Maintenant les hommes — même les plus timorés et les plus croyants — accordent la plus grande confiance aux découvertes de la géologie, et reconnaissent que l'histoire de la création exposée dans les livres de Moïse commence seulement à la dernière époque de l'histoire de notre planète, — à l'époque de l'homme, et que dans les seules paroles : — « Au commencement Dieu créa le ciel et la terre » se trouve abrégée l'histoire des époques antérieures.

Ce n'est pas mon intention ni mon but de te guider à travers le cours séculaire de ces âges éloignés que nous appelons *époques géologiques*, pendant lesquelles tant de générations, si différentes des générations actuelles, peuplèrent notre globe et le préparèrent enfin au séjour de cette seule créature que Dieu a voulu faire à son image et à sa ressemblance. Je me contente de t'avoir exposé les principes si divers, mais si connexes entre eux, qui nous servent de guide pour retrouver et évaluer les documents de l'histoire de notre globe, gravées dans les couches de son écorce.

V. Ces couches qui ont en elles tant de signification, et qui, superposées les unes aux autres, constituent des dépôts de dimensions énormes, — presque incommensurables par rapport à nos œuvres et selon notre manière habituelle de juger, — comparés au contraire avec les dimensions du sphéroïde terrestre, n'y forment qu'une enveloppe brisée et très-mince. Afin de mieux fixer dans ton esprit l'idée des proportions des différentes parties de ce sphéroïde, j'abaisserai cette grandiose image à une mesquine comparaison, me servant d'une chose très-vulgaire — une orange. Ce fruit coupé par le milieu, la pulpe juteuse qui le forme presque en entier, te représentera la masse encore en fusion dans l'intérieur du globe; l'épaisseur de son écorce te figurera proportionnellement celle de la partie corticale solidifiée de la terre; les aspérités de l'écorce correspondront aux mon-

tagnes; — et si tu veux te représenter aussi
l'importance matérielle des dépôts de sédiment,
et te persuader qu'ils n'ont pas sensiblement
grossi la partie corticale de la terre, tu n'as
qu'à coller sur l'écorce de l'orange de simples
morceau de papier, dont l'épaisseur serait à
à celui de l'écorce et au rayon du fruit comme
l'épaisseur des sédiments à la superficie du
globe est à celle de sa primitive partie corticale
et au rayon terrestre.

Le feu et l'eau ont donc agi concurremment
pour préparer l'état actuel de la superficie terrestre. Je destine les deux lettres suivantes à
te rendre moins incomplète l'idée de leur mode
d'action. Par les phénomènes qui arrivent toujours sous nos yeux, tu pourras conclure de
ceux qui, — en extension beaucoup plus considérable, — eurent lieu dans les périodes
géologiques.

LETTRE DOUZIEME.

I. Au midi de Naples, presque dans les champs suburbains de cette ville enchantée s'élève le Vésuve, de toutes parts isolé et sous la forme d'un cône dont la base a 30 milles de circuit. Ce mont, — si non le plus considérable, certainement le plus célèbre parmi les volcans, — n'a pas toujours eu la même forme et l'élévation que nous lui voyons aujourd'hui. Avant l'ère vulgaire sa hauteur était moindre; sa cime se terminait par un cratère beaucoup plus vaste, avec une grande plaine circulaire cou-

verte de pâturages, et, un bord élevé et escarpé
l'entourait comme l'est un cirque par ses mu-
railles. Les révoltés de la conjuration de Spartacus s'étaient retirés dans ce cratère comme
dans une forteresse naturelle, et, lorsqu'ils se
virent assiégés de près par Claudius, du seul
côté praticable, ils durent creuser de longs es-
liers afin de s'enfuir par les escarpements du
bord (1).

Une ancienne tradition qui se perd dans la
nuit des temps les plus reculés, faisait croire
que de ce mont étaient sorties des matières en-
flammées. Toutefois dans la mémoire certaine
des hommes il n'existait aucun document de
cette tradition, lorsque, dans l'année 79 après la
naissance du Christ, le terrain environnant
s'ébranla tout à coup, et sur une grande étendue, la montagne se mit soudain à bouillir jusque dans ses entrailles les plus profondes; puis

(1) Plutarque *(Vie de Marcus Crassus)* raconte que les
74 gladiateurs de Spartacus et les esclaves qui se joigni-
rent à eux, firent, avec les sarments des vignes sauvages
croissant sur les rochers à pic qui entouraient le cratère,
des échelles assez longues pour aller du haut de la montagne jusqu'à la plaine. Les Romains commandés par
Claudius Pulcher ne s'aperçurent pas de cette manœu-
vre, furent enveloppés, taillés en pièces et perdirent leur
camp. Cette guerre de Spartacus — qui fut la seconde des
esclaves en Italie — commença 73 ans avant J.-C., et
dura trois années.

la plaine de la sommité se rompant dans sa
partie centrale, il s'élança de ce gouffre nouveau, pendant plusieurs jours consécutifs et
avec une grande force, une immense colonne
de gaz sulfureux, de vapeurs aqueuses, de
poussière et de débris de pierre ponce. Au milieu de l'ancien cirque, — dont il reste encore
une partie du bord escarpé dans le Monte-Som-
ma, et de la plaine intérieure dans l'Atrio del
Cavallo, — surgit alors une autre montagne,
le Vésuve proprement dit.

Les détails de cet évènement nous ont été
rapportés par un témoin oculaire, Pline-le-
Jeune, qui était à la campagne vers cette époque, à Misène, au bout opposé du golfe, d'où il
put contempler cette scène épouvantable et
grandiose, dans le même temps que son oncle,
Pline-le-Naturaliste, accourait à force de rames
au pied du volcan pour en observer de plus
près l'éruption, ainsi que pour porter secours à
ses parents et à ses amis, et y trouvait la
mort (1).

(1) Pline-le-Jeune ne raconte qu'une phase de la terrible éruption — celle où périt son oncle, Pline-le
Naturaliste. Ce récit, fait pour ainsi dire le lendemain
de l'évènement, à la prière de Tacite qui en demandait
les détails pour son histoire, est dépouillé de toute em-
phase, et par cela même assez curieux. Nous en donnons
l'abrégé :

Cette éruption, qui commença pour le Vésuve une époque nouvelle, ensevelit Hercula-

« Mon oncle était à Misène, où il commandait la flotte. Le 23 d'août, environ une heure après midi, ma mère l'avertit qu'il paraissait un nuage d'une grandeur et d'une figure extraordinaires. Je m'imaginai qu'un vent souterrain le poussait d'abord avec impétuosité et le soutenait. Mais on le voyait se dilater et se répandre. Il paraissait tantôt blanc, tantôt noirâtre et tantôt de diverses couleurs, selon qu'il était plus chargé de cendre ou de terre. Il fait venir des galères et monte lui-même dessus, dans le dessin de voir quels secours on pourrait donner aux bourgs de cette côte, qui sont en grand nombre, à cause de sa beauté. Il se presse d'arriver au lieu d'où tout le monde fuit, et où le péril paraissait le plus grand. Déjà sur ses vaisseaux volait la cendre plus épaisse et plus chaude à mesure qu'ils approchaient; déjà tombaient autour d'eux des pierres calcinées et des cailloux tout noircis, tout brûlés, tout pulvérisés par la violence du feu; déjà la mer semblait refluer et le rivage devenir inaccessible à cause des morceaux entiers de montagnes qui s'y précipitaient. Il dit alors à son pilote qu'il lui conseillait de gagner la pleine mer, de tourner du côté de Pomponianus qui était à Stabies. Cependant on voyait luire, de plusieurs endroits du mont Vésuve, de grandes flammes et des embrasements dont les ténèbres augmentaient l'éclat. Mais enfin la cour par où l'on entrait dans l'appartement de mon oncle commençait à se remplir si fort de cendres, que, pour peu qu'il eût resté plus longtemps il ne lui aurait plus été permis de sortir. On l'éveille et il va rejoindre Pomponianus et les autres qui avaient veillé. Ils tiennent conseil et délibèrent s'ils se renfermeront dans la maison, ou s'ils tiendront la campagne, car les maisons étaient tellement ébranlées par les fréquents tremblements de terre, que l'on aurait dit qu'elles étaient arrachées de leurs fondements, et jetées tantôt d'un côté, tantôt de l'autre, et puis remises à leur place.

num et Pompéi (1), villes florissantes, délices
champêtres des Romains. Elle demeura distincte de toutes les autres éruptions postérieu-

Hors de la ville, la chute des pierres, quoique légères et desséchées par le feu, était à craindre. Entre
ces périls, on choisit la rase campagne. Ils sortent et se
couvrent la tête d'oreillers attachés avec des mouchoirs.
Le jour recommençait ailleurs ; mais dans le lieu où ils
étaient continuait une nuit la plus sombre et la plus af-
freuse de toutes les nuits, et qui n'était un peu dissipée
que par la lueur d'un grand nombre de flambeaux et
d'autres lumières. On s'approcha du rivage pour examiner ce que la mer permettait de tenter. Là, mon oncle,
ayant demandé de l'eau et bu deux fois, se coucha sur
un drap qu'il fit étendre. Des flammes qui parurent plus
grandes, et une odeur de soufre qui annonçait leur ap-
proche, mirent tout le monde en fuite. Il se leve, appuyé
sur deux valets, et dans le moment tombe mort. Je m'i-
magine qu'une fumée trop épaisse le suffoqua. »
(V. *Coll. Nisard. Lettre XVI.*)

(1) Et Stabies, sur les ruines de laquelle est bâtie
Castellamare. — Pompéi ne fut pas détruite, mais ensevelie sous un monceau de cendres de vingt pieds d'épaisseur. Cette ville, dont Tite-Live et Florus vantent le port
magnifique, était située au pied du mont Vésuve, entre
Sorrente et Stabies d'un côté et Herculanum de l'autre,
à 15 k. S.-E. de Naples. Avec le temps, les matières qui
la recouvraient devinrent un terrain d'une grande fertilité, et jusqu'en 1759 on y cultiva des vignes et
des arbres fruitiers. A cette époque, Charles III or-
donna des fouilles, qui amenèrent la découverte de la
cité perdue. On se promène maintenant dans la moitié
de cette ville souterraine, restée telle qu'elle était, il y a
dix-huit cents ans. Ses rues sont droites, pavées de laves
et garnies de trottoirs, les maisons, d'un style générale-
lement uniforme, ne dépassent pas deux étages et sont

res, parce qu'elle ne donna pas sortie à des
torrents de lave incandescente. Si ces deux
villes furent conservées à l'étonnement de la
postérité, soustraites aux irruptions des bar-
bares plus dévastateurs que les volcans eux-
mêmes, cela est dû au genre des matières vomies alors, aux cendres et aux *lapilli* (1), auxquels s'ajouta l'eau qui, sous forme d'épaisses
vapeurs, fut, comme toujours, un produit de
l'éruption. Les habitants eurent le temps de
fuir et d'emporter avec eux leurs objets les plus

terminées en terrasses. On trouve des peintures, des
mosaïques, ou des statues, jusque dans les plus humbles
habitations. Vingt rues sont aujourd'hui complètement à
jour : des temples, des thermes, des théâtres, la maison
des Vestales, une fontaine, un arc de triomphe, le forum
civil, la basilique, des tombeaux, etc., etc. Il est regret-
table que le gouvernement Napolitain n'applique, chaque année, aux travaux de déblaiement, qu'une somme
infime de 25,000 francs. A la manière dont les travaux
marchent, il ne faudra pas moins d'un siècle pour que
Pompeï soit entièrement tirée du sépulcre.

Herculanum resta oubliée jusqu'en 1711. Les travaux
d'excavation, poussés avec une persévérence assez molle,
ont débarrassé des laves et du terrain qui les étouffaient :
le théâtre, édifice considérable qui pouvait contenir huit
mille spectateurs; le forum; la villa d'Aristide; la maison dite d'Argus.

(1) Ou *rapilli;* les Italiens nomment ainsi les sables
volcaniques : ce sont des fragments scorifiés; de petits
fragments de ponce et de lave, mêlés de cristaux de py-
roxène et de feldspath ; ce sont aussi de grosses cendres.

précieux ; — voilà ce qui explique le très-petit
nombre de cadavres et d'objets d'or retrouvés
parmi ses ruines majestueuses.

Un autre phénomène prodigieux fut celui de
l'émersion en une seule nuit, en 1559, d'un
mont qui prit pour cela le nom, qu'il conserve
toujours, de Monte-Nuovo, près de Pouzzoles,
dans la banlieue de Naples. Porzio, qui en fut
témoin oculaire, après avoir parlé des tremblements de terre qui pendant deux ans avaient
désolé la Campanie, ra onte que, dans les deux
jours qui précédèrent cette émersion, la terre
fut continuellement agitée et ébranlée; la mer
se retira à l'improviste de deux cents pas,
laissant sur la plage une grande quantité de
poissons ; enfin, dans la nuit du 29 septembre.
on vit se soulever le terrain entre le mont Bar-
baro et le lac d'Averne, — puis se fendre avec un
horrible fracas , — et, par une large bouche qui
se forma alors, vomir des flammes, des pierres
ponces, des pierres et des cendres.

Nous voyons les mêmes phénomènes, de
notre temps , avec une fréquence et une intensité variables, partout où il y a des volcans
encore actifs (car tous les monts qui ont l'aspect et la nature des volcans ne le sont pas).
Outre le Vésuve, en Italie, le gigantesque Etna
en est aussi le théâtre, et plus encore le Strom-

boli (1), pour ne pas parler de cent autres volcans distribués sur la superficie du globe, et
spécialement dans les îles du Pacifique et le
long de la chaîne des Andes (2).

Bien qu'éloignés l'un de l'autre, ces monts

---

(1) Le Stromboli, dans l'une des îles Lipari, au nord de
la Sicile. Elle possède mille habitants. Le cratère ne dé-
passe pas 700 mètres d'élévation. Depuis deux mille ans,
il a des éruptions à huit ou dix minutes d'intervalle.

(2) Les volcans modernes se distinguent encore des
anciens soulèvements qui constituent les chaînes de
montagnes parce qu'ils sont autant de points d'émersion
isolés, et celles-ci, au contraire, des émersions alignées.
Il faut pourtant observer que la majeure partie des cônes
volcaniques sont disposés de telle sorte, les uns par rapport aux autres, qu'ils forment des bandes ou séries, de
manière à laisser croire avec fondement que tous les
volcans d'une série ont leur base sur une même crevasse
de la croûte terrestre. Les plus grandes séries de volcans sont celles des Andes ; et celle qui du Kamtschatka
descend par les Kouriles (archipel situé entre le grand
Océan et la mer d'Okhotsk) le Japon, Formosa, Minda-
nao, et qui paraît ensuite se diviser en deux branches,
une qui passe par les Nouvelles-Hébrides, la Nouvelle-
Calédonie et la Nouvelle-Zélande ; une autre par Timor,
Sumbava, Java et Sumatra. — Il est assez singulier de
voir que la plupart des volcans actifs de l'Asie centrale
sont placés sur le prolongement du méridien des Andes.
— Les géographes modernes comptent 300 volcans actifs ; plus de 200 dans les îles, le reste dans les continents.
Ils sont plus nombreux en Asie qu'en Europe ; On ne
connaît pas encore de volcans actifs sur le continent
Africain ; l'Amérique en contient beaucoup — 50 sur le
dos de la grande Cordillère.

qui vomissent le feu , — et différents par la
hauteur, le mode , la fréquence des éruptions
et les accidents secondaires qui s'y produisent,
— ils présentent néanmoins, dans la forme ,
dans la structure, dans l'ensemble général des
paroxysmes et dans la nature des produits vomis, une telle constance , qu'elle permet d'en
induire avec fondement leur dépendance de
conditions communes, et précisément de l'état
de fusion de la masse interne du globe — plutôt
que des dépôts épars et isolés de matières particulières.

II. Tu trouveras dans plusieurs ouvrages
les descriptions les plus pittoresques des phénomènes volcaniques : quant à moi, je dois ici
appeler ton attention sur la qualité des matières
vomies. — Ces matières prennent généralement le nom de laves, lorsqu'elles coulent
(sortant le plus souvent du cratère, quelquefois aussi des déchirures des flancs) sous
forme d'un torrent de matières embrasées et
liquéfiées, qui se solidifient en une pâte vitreuse plus ou moins boursouflée et scoriacée.
On a alors les bombes volcaniques, les scories, les *lapilli,* les sables, les cendres , si
la matière elle-même est dispersée en fragments ou en poussière, par l'impétuosité des
vapeurs émanées de l'intérieur du volcan. Cette

pierre spongieuse, de couleur cendrée, connue
sous le nom de *pierre ponce*, et dont l'usage
est si général pour polir le bois, est un produit
de cette sorte, rejeté en grande abondance par
les volcans et toujours en masses isolées, plus
souvent encore en fragments très-menus et en
véritable poussière. Cette autre substance, dite
pouzzolane — si utilement employée pour former des ciments qui se durcissent dans l'eau, —
est un vrai sable volcanique.

D'autres pierres qui constituent fréquemment les flancs des volcans, ou qui en remplissent les fissures, sont : — 1° cette espèce de
granit raboteux, vitreux que j'eus déjà l'occasion de te désigner sous le nom de *trachyte*,
— 2° et cette pierre que je t'ai nommée incidemment, dans une première lettre, le *basalte*.
On trouve celui-ci en masses compactes, noi-
râtres, pesantes, le plus souvent divisées, à
l'instant de leur solidification, en morceaux
qui prennent la forme de colonnes prismatiques,
tantôt éparses, tantôt réunies en faisceaux, formant des combinaisons si variées, si fantastiques, si imposantes, que tu croirais que l'art
humain y a contribué. Tu rencontrerais de
très-beaux amas de basalte en parcourant quelques-unes des vallées du Véronais, du Vicen-
tin, de l'Auvergne ; mais les plus célèbres sont

ceux qui constituent le *Pavé-des-Géants* en Irlande, et la grotte de Fingal dans l'île de
Staffa (1).

Ces produits solides, qui contiennent très-
fréquemment des cristaux disséminés de substances différentes accidentelles, varient beaucoup
quant aux caractères extérieurs ; cependant,
quant à leur composition fondamentale, ils ont
des rapports très-étroits, non-seulement entre
eux, mais aussi avec les autres roches d'émersion plus anciennes, dont je t'ai déjà parlé
dans les lettres précédentes. Dans toutes
ces roches volcaniques, la pâte fondamentale
est feldspathique, comme si toutes prove-
naient d'une immense chaudière commune,
et comme si la matière fluente eût été à peine
çà et là modifiée par des circonstances locales.
C'est donc par les volcans que nous voyons
sortir à la surface de la terre, par petites portions séparées, la matière liquéfiée de l'intérieur.
Les soulèvements des montagnes, les émersions des grandes masses granitiques et por-
phyriques qui les ont accompagnées, sont —
avec la formation actuelle des reliefs volcaniques et l'écoulement des laves — comme des
phénomènes remontant à une même cause.

(1) Petite île d'Ecosse dans les Hébrides.

Si la terre avait été dès son origine solide,
les montagnes n'eussent jamais apparu à la
surface, — les volcans n'existeraient pas.

Pourtant il ne faut point passer trop vite sur
la différence assez notable entre un genre de
phénomènes et l'autre ; entre l'émersion, par
exemple, de la grande chaîne alpestre, et celle
du petit groupe de cônes volcaniques du territoire Napolitain. Cette différence, comme je te
l'ai déjà dit, ne consiste pas tant dans la nature
ou dans la provenance de la matière vomie,
que dans la cause qui l'a poussée à se frayer
un chemin sur la superficie terrestre. L'inter-
vention de l'eau dans l'action volcanique est
manifeste, ainsi que la grande pression des
vapeurs sur la masse ardente du foyer, —
d'où il résulte que les volcans trop éloignés de
la plage de la mer sont éteints : il paraît même
qu'ils n'ont jamais donné d'éruption depuis
que la superficie de la terre a pris l'état actuel.
Les cheminées volcaniques rejettent d'immenses quantités de vapeurs en dehors même
de l'état de véritable éruption : ce qui forme la
partie principale de ce qu'on appelle les colonnes de fumée, qui peuvent devenir plus ou moins
denses, et de couleur tantôt blanchâtre, tantôt
noire par l'addition d'autres matières telles que
des émanations acides, ou des cendres. Parfois

l'on voit sortir du cratère volcanique de l'eau à l'état liquide, du limon, et jusqu'à des poissons provenant des étangs et des fleuves voisins, comme cela est arrivé souvent dans les volcans de l'ancien royaume de Quito.

III. Je t'ai dit que plusieurs volcans sont considérés comme éteints — et cela parce qu'ils n'ont jamais donné d'éruption dans l'époque historique. Il est très-probable que la cessation de leur activité provient de ce que la communication de leur foyer avec l'eau de la mer a été obstruée. Dans la France centrale, sur environ cinquante monticules coniques qui se dressent près de la ville de Clermont, la plupart sont composés de scories et de pouzzolanes, et plusieurs encore présentent un cratère parfaitement conservé. D'autres cônes semblables s'élèvent le long des rives du Rhin dans les provinces d'Eifel et de Neuwied, où se rencontrent également quelques dépressions cratériformes converties en lacs, comme l'est précisement, pour te citer un exemple, le lac de Laach. Dans ces localités, en dehors de grandes émanations d'acide carbonique, on ne trouve en activité aucun procédé qui rappelle l'ancienne puissance qu'y eurent les forces volcaniques. — L'Italie nous offre des exemples analogues dans les environs de Radicofani et de Rome, et non loin du Vésuve dans les montagnes de Roccamonfina.

IV. Ces volcans éteints ont aussi une origine très-récente, c'est-dire qu'ils appartiennent à la dernière époque géologique, — à celle qui a immédiatement précédé l'ordre actuel de notre globe. C'est par eux que se trouvent renouées les éruptions volcaniques proprement dites aux émersions survenues plus anciennement, et en proportions très-considérables, qui on donné origine aux grandes inégalités de la superficie terrestre. Quelques roches volcaniques (le trachyte et le basalte spécialement) étaient apparues dans de précédentes époques géologiques sous forme de filons ou de grands amas, avant de se montrer sous celle de courants s'échappant d'un cratère.

De notre temps ont aussi lieu de petits soulèvements isolés avec déjection de laves qui se différencient de celles des volcans ordinaires en ce qu'elles ne proviennent pas d'un vrai cratère. — Les îles de l'archipel de Santorin sont de ce nombre. Ces îles — dont la dernière est sortie des eaux en 1707 — ne sont pas à proprement parler des volcans; la lave en s'échappant par les fentes des rescifs, n'y produisit que de grands filons ou digues et des amas irréguliers. Il en est ainsi des Açores. La plus

grande, qui est l'île Saint-Michel, était tour-
mentée par des tremblements de terre depuis
plus d'une année, lorsque, à deux milles de
distance, apparut en 1811 une seconde île, et
puis une troisième, la Sabrine.—L'île Ferdinan-
de surgit d'une façon analogue près des côtes
méridionales de la Sicile, précédée d'un tremblement de terre, en 1831; mais, l'année suivante, un autre tremblement de terre la dé-
truisit, et ne laissa à sa place qu'un rocher sous-
marin.

V. Tu peux conclure de ces faits, — comme
aussi des récits de Pline et de Porzio, — quelle
étroite relation existe entre les tremblements
de terre et les paroxysmes volcaniques, de
telle sorte qu'il est bon de les comprendre tous
dans une même sphère de phénomènes dépen-
dant d'une cause commune. D'ordinaire le
tremblement de terre précède l'éruption volcanique, et cesse alors que celle-ci éclate. Je pourrais ajouter cent autres exemples à ceux déjà
cités. — D'autres fois, au contraire, l'arrêt subit de l'éruption, comme si la cheminée volcanique se trouvait soudainement obstruée, provoque le tremblement de terre. Le volcan de
Pasto (1), à l'orient du fleuve Guaytara, exhala,

_____

(1) Nouvelle Grenade.

pendant le cours non interrompu de trois mois, en 1797, une haute colonne de fumée qui cessa tout-à-coup. A l'instant même éclata le terrible tremblement de terre de Riobamba qui fit périr de 30 à 40,000 Indiens. — On a souvent répété que les volcans sont les soupapes de sûreté de cette grande chaudière qui est la terre; et ce n'est certes pas à tort. Les habitants des îles Sandwich, quoique tout-à-fait sauvages, doivent avoir été bien frappés de cette corrélation entre les tremblements de terre et l'activité des volcans de leur pays, puisque, lorsque cette activité menaçait de se ralentir, ils essayaient de conjurer le volcan en jetant dans le gouffre béant des victimes humaines.

Suivant l'opinion la plus généralement admise, et comme corollaire direct de ces faits, la cause des tremblements de terre devrait donc se trouver dans la tension des gaz ou des vapeurs souterraines, qui cherchent à s'ouvrir une issue ou à en rencontrer une déjà ouverte dans le soupirail d'un volcan.

De toute manière, tu remarques très-bien, d'après les phénomènes volcaniques, de quelle façon, — outre l'effusion de matières provenant de l'intérieur du globe par l'incessant travail de forces diminuées mais non éteintes, — doit continuellement s'altérer en diverses

parties, et par des secousses violentes et sou-
daines, — l'état de la superficie terrestre. Des
terrains autrefois plans ou submergés s'élèvent;
d'autres se dépriment ou disparaissent sous les
vagues de la mer.

VI. Maintenant je veux te montrer par d'autres exemples que cette même croûte du globe,
qui dans sa plus grande extension nous semble
absolument tranquille, est sujette, au contraire,
à des changements semblables à ceux déjà décrits, mais si lents et si gradués, que pour la
plupart des hommes dans les limites d'une vie
courte et passagère, ils ne se rendent pas manifestes.

Dans plusieurs localités — même éloignées
de foyers volcaniques, — existent et se pro-
noncent toujours davantage les indices de
rapports modifiés entre la plage et la mer. Sur
les côtes de la Norwège, on trouve à un niveau supérieur à celui des plus hautes marées,
des restes d'animaux entièrement identiques à
ceux qui vivent encore dans les mêmes sites,
dans les eaux de la même mer; — tandis que,
le long des plages de la Scanie, des villages
entiers, bâtis sans aucun doute dans une position convenable pour être en sûreté contre une
invasion de la mer, vont néanmoins — mais
avec lenteur — s'y submergeant. Le long des

plages du pays de Galles, dans les îles Britanniques, on rencontre d'anciens fonds de mer portés à une hauteur considérable, et dont la végétation terrestre s'est déjà emparée; au contraire, dans le comté de Lincoln, des forêts entières, qui jadis étendirent leur ombre hospitalière sur les ancêtres des habitants actuels, se trouvent maintenant submergées.

Mais transportons-nous encore une fois sur les côtes riantes de Naples, où la nature et l'art en accumulant tant de merveilles ont fait vraiment de ce pays un coin privilégié de la terre. Là, près de Pouzzoles, s'élèvent les restes d'un superbe temple dédié au culte de Sérapis. On ne connaît pas précisément la date de sa fondation; — mais, d'après l'époque où fut introduit chez les Romains le culte de cette divinité, d'après la perfection du goût architectonique et la richesse des marbres, — on peut la rapporter à l'âge florissant écoulé entre les dernières années d'Auguste et tout le règne d'Adrien. Ce temple très-riche avait très-certainement été construit assez loin de la mer pour ne pas être exposé à ses inondations; de plus, sous le pavé actuel, existent divers canaux pour l'écoulement des eaux, qui aussi devaient avoir été creusés, dès l'origine, à une élévation suffisante, afin de leur donner une

issue certaine même dans les temps de haute
marée. Mais ce pavé n'est pas encore le primitif : sous lui, à la profondeur de 5 palmes (1)
et demie, on trouve un autre pavé en mosaïque
avec d'autres canaux; ce qui démontre que,
après la première fondation du temple, il arriva
une période où les eaux de la mer se frayèrent
une route jusque dans son intérieur et rendi-
rent nécessaire la construction d'un second pavage plus élevé. De plus, sur les trois colonnes
qui restent encore dans leur première position,
on trouve les témoignages d'une immersion
prolongée dans les eaux de la mer, survenue
postérieurement, dans une bande rongée et
trouée par certains mollusques marins appelés
pholades. Il n'est pas supposable que dans un
ouvrage d'art si remarquable on ait employé
dès l'origine des matériaux défectueux; d'ailleurs, à un même niveau, dans le terrain environnant, on rencontre d'autres traces évidentes du séjour de la mer. Tout cela nous
fournit donc une preuve certaine que tout le
terrain sur lequel est construit le temple de
Sérapis, de nouveau à sec de nos jours, fut
submergé pendant de longues années.

(1) La *palme* est une mesure égale à la longueur de
la main.

6*

Mais voici une chose plus singulière : dès
les premières années de ce siècle, un changement inverse recommença et continue toujours.
Le pavé du temple de Sérapis, qui en 1808 res-
tait à sec la plus grande partie de l'année, ne
l'est jamais à présent. On dut construire à un
niveau plus élevé une route qui côtoyait alors
le bord de la mer. Un terrain de peu d'étendue
désigné sous le nom de la *Table*, parce que les
pêcheurs avaient l'habitude d'y venir se reposer
à l'heure de leur repas, est maintenant submergé.
Les moines les plus vieux retirés dans un couvent près de la plage, se souviennent encore que
dans les années de leur jeunesse un chemin
passait entre le couvent et la mer, tandis qu'à
présent l'étage inférieur de ce même monas-
tère est souvent inondé.

Ici se présente une importante question.

Est-ce la mer qui change de niveau ou bien
est-ce la terre ? La première opinion te semblera peut-être la plus naturelle, et elle trouva
en effet des partisans parmi des savants de
beaucoup de mérite. Si l'on se met à considérer
sur toute son extension la surface libre de la
mer supposée parfaitement tranquille, on y
pourra effectivement signaler quelques inégalités, de manière que les différents points de
cette surface placés sur une même parallèle,

ou sur un même méridien, ne se montrent
pas tous précisément à une égale distance
du centre de la terre. Mais entre des limites
restreintes, comme je te l'ai fait remarquer
dans une lettre précédente, ces inégalités
sont imperceptibles : toute surface d'eau en repos, considérée dans certaines limites, peut être
tenue pour un plan parfaitement horizontal. Or, à
peu de distance au septentrion et au midi de
Pouzzoles, on a plusieurs preuves, — non-
seulement que le niveau relatif de la terre et
de la mer est resté stationnaire, — mais bien
aussi que le terrain s'est abaissé, quand, au
contraire, celui sur lequel est bâti le temple de
Sérapis suivait un mouvement opposé. A Baja,
près du temple de Vénus, la mer recouvre les
ruines d'anciens édifices; à Nisida, on a découvert, à une certaine profondeur sous l'eau, une
colonne, — de celles dont les Romains avaient
coutume de se servir pour attacher leurs navires : — il est évident maintenant que dans
un espace si limité le niveau de la mer ne pourrait présenter de si énormes inégalités. C'est
donc la terre elle-même, quoiqu'elle nous paraisse enchaînée à une perpétuelle immobilité,
qui dans quelques lieux, par des mouvements
lents et gradués, s'élève sur le niveau de la
mer, tandis que dans d'autres elle s'abaisse.

Ces mouvements sont certainement de nature différente des mouvements soudains et
violents causés par les forces volcaniques·
Leur véritable cause n'est pas encore bien ri-
goureusement déterminée; cependant l'opinion
nous semble très-probable de ceux qui la recherchent dans l'inégale distribution du calorique
souterrain, ou dans l'inégale facilité avec laquelle
les diverses roches qui forment l'écorce terrestre livrent passage à ce calorique, et, par conséquent aussi, dans l'inégale dilatation des roches
elles-mêmes. On peut donc conclure de là que
si la terre se trouvait réduite à une température égale et homogène dans toutes ses parties,
son écorce demeurerait en parfaite immobilité.

VII. Ainsi, tu apprendras désormais sans
surprise que ceux qui font de la structure
de la planète que nous habitons le principal objet de leurs observations et qui lisent
dans les couches de son écorce les vicissitudes
qu'elle a subies durant le long cours des
siècles, retrouvent les témoignages, non-seulement des grands bouleversements causés par
les émersions de montagnes, mais aussi des
soulèvements et des abaissements survenus par
ce même procédé, — quoique alors sur une
extension beaucoup plus grande, — et dont aujourd'hui, nous avons encore une preuve si

évidente dans le temple de Sérapis et sur les
côtes de la Scandinavie. Non-seulement dans
les différentes époques géologiques eurent lieu
de grands changements de niveau, — par lesquels de vastes étendues de terrains couchées
horizontalement à une époque s'élevaient au-
dessus du niveau de l'Océan primitif, et à une
autre époque se submergeaient pour reparaître
de nouveau à sec; — mais ces changements
eurent lieu aussi dans le courant d'une même
époque, et nous nous en assurons, en voyant
intercalés des sédiments d'eau douce aux sédiments marins dans les terrains déposés à une
même période géologique.

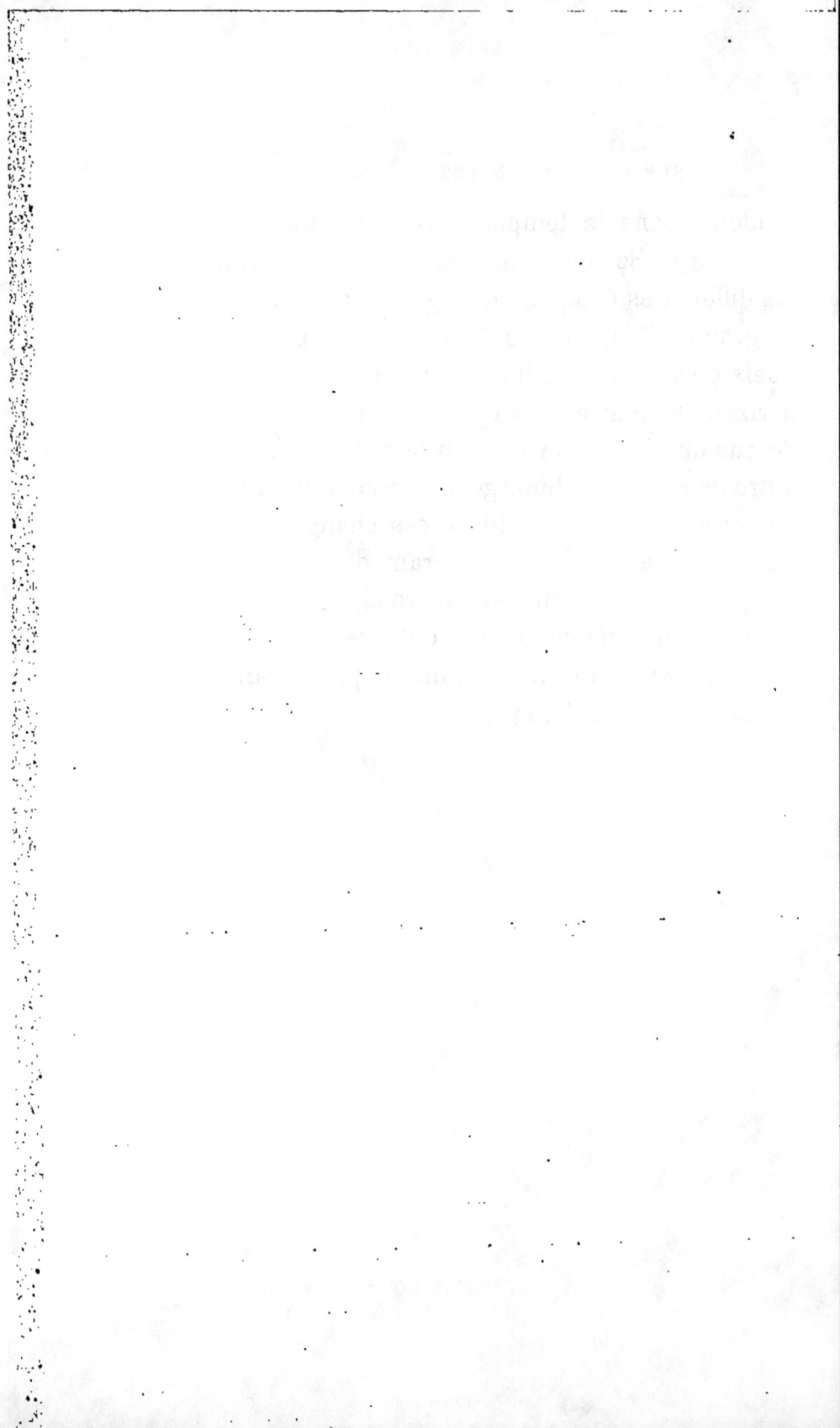

LETTRE TREIZIÈME.

———

I. Quel magnifique panorama se déroule à
ton regard de la cime sacrée de Superga (1) !

(1) L'église de Superga, dédiée à la Vierge, a été bâtie
sur la cime la plus élevée de la colline de Turin , par 5°
26' 2" de longitude à l'orient du méridien de Paris, et 45°
1' 55" de latitude, à trois milles est-nord est de la capitale
des États sardes. Commencée le 30 juillet 1717, par Victor
Amédée II, duc de Savoie, roi de Sicile, puis de Sardaigne,
sur les dessins de Philippe Juvara, de Messine, elle fut
terminée le 1er novembre 1731. On y dépensa cinq millions de livres piémontaises. Sa forme est sphérique avec
une saillie d'environ 5/7. Le péristile se compose d'un por-
tique carré soutenu par huit colonnes d'ordre corinthien.
La coupole — dont la hauteur avec la lanterne est de 70
mètres — rappelle l'hôtel des Invalides. L'intérieur est
décoré avec beaucoup d'art et de magnificence. — Depuis
le fondateur, les caveaux de la basilique de Superga ser-

Tu vois la chaîne majestueuse des Alpes en-
tourer la pleine fertile qui, baignée par les

vent de lieux de sépulture à la famille des rois de Sardaigne.

Cet édifice et les vastes constructions qui y sont reliées
s'élèvent à 723 ^{m} 4 au-dessus du niveau de la mer.

Les sommités de Superga servirent, en 1760, de point
d'observation au père Beccaria (l'ami de Franklin et celui
qui établit en Italie le premier paratonnerre). Il y éleva
les triangles nécessaires à la mesure du degré du méridien, et y tenta des expériences sur l'électricité atmosphérique. En 1791, des recherches y furent faites sur
la chute des corps graves ; — la hauteur de la lanterne et
sa construction intérieure étant très-favorable à ces sortes
d'expériences. Plus tard, MM. Biot et Vassalli-Eandi com-
mencèrent à Superga quelques expériences sur les forces
magnétiques (1805). Dans les années 1821, 1822, 1823, les
hauteurs de cette colline servirent de base aux opérations
géodésiques (la géodésie, partage des terres ou des surfaces,
et en général divise une figure en parties égales ou inégales) et astronomiques, pour la mesure d'un arc du parallèle moyen, exécutées en Piémont et en Savoie par une
commission spéciale. M. le baron de Plana ayant, le 17
mai 1857, fait observer le thermomètre à la cime de
Superga et au pied de la colline, afin d'établir la différence de température, à la même heure, à des élévations
diverses, trouva 3 degrés centigrades. — La situation favorable de Superga l'a toujours signalée comme poste
d'observation à tous ceux qui se sont occupés de travaux
trigonométriques en Piémont. Ce fut l'un des derniers
points de la triangulation (opération ou ensemble d'opérations trigonométriques pour lever le plan d'un terrain),
exécutée en Italie par des ingénieurs géographes français. Les observations se prirent de la dernière extrémité
de la coupole. Vers la fin du XVIIIe siècle, il y avait, à
Superga, un observatoire confié aux soins du chanoine

nombreux détours du Pô (1), semble se perdre dans les nuages d'un lointain horizon. Dans mes lettres précédentes, j'ai ébauché la structure

Avogadro. Nous pensons, avec M. G. F. Baruffi, qu'il serait très-utile pour la science d'établir là un observatoire météorologique et magnétique

Cette basilique est le premier grand monument que l'on aperçoive lorsque l'on descend en Italie par les Alpes.

On jouit de la galerie extérieure qui entoure la lanterne d'une vue que nous jugeons l'une des plus belles d'Europe. On embrasse tout le Piémont, avec la chaîne des Alpes ; au couchant et au midi, les pyramides du mont Viso et les massifs du mont Rose ; à gauche, les glaciers de Bard et la Roche-Melon ; au levant, et après le mont Rose, la grande chaîne se continue quelque temps, puis s'abaisse peu à peu et disparaît enfin dans les brumes de l'horizon.

Lorsque le temps est très-clair, on distingue, avec une lunette, tout au loin, les plaines lombardes, et la Vierge dorée qui termine la blanche cathédrale de Milan ; — la distance, en ligne droite, est de 120 kilomètres. (Voir les *Passeggiate* de M. G. F. Baruffi, 11e livr.; — *Guida alle peregrinazioni*, de M. G. Stefani ; — *Description historique*, etc., par M. Paroletti ; — *Opérations géodésiques et astronomiques*, etc., Milan, 1823 ; — l'*Hermite en Italie*, par M. de Jouy, Paris, 1824.)

(1) Le Pô (*Padus* ou *Eridanus* des anciens), est le plus grand des fleuves d'Italie ; — son cours est de 670 kilomètres. Il sort du mont Viso, traverse les Etats sardes, sépare le royaume Lombardo-Vénitien du duché de Parme, de Plaisance et du nord des Etats de l'Eglise, et vient finir dans l'Adriatique, à Osteria. Il est navigable pour bateaux et steamers sur 450 kilomètres, dont 90 dans les Etats sardes.

et la formation de ces montagnes qui nous font
une couronne de leurs masses imposantes.
Après avoir admiré l'aspect charmant du pays
qui s'étend à leurs pieds, descendons dans cette
plaine, qui, sous une apparence de monotonie
et d'uniformité, offre des objets si nombreux et
si variés à nos observations.

Partout et jusqu'aux plus grandes profondeurs qu'atteignirent les fouilles pratiquées, tu
trouveras au-dessous de la végétation vigou-
reuse de cette contrée privilégiée, des couches
horizontales de matières incohérentes : tantôt
de cailloux confusément mêlés en zones qui
suivent le cours des torrents alpestres, tantôt
d'argiles ferrugineuses ; — plus généralement de
ce limon fin et sablonneux, de couleur brune,
d'odeur particulière, qui est la terre des champs
proprement dite. Les matériaux de ces immenses dépôts ne se trouvent certainement pas là à
leur place originaire. Si chaque caillou, chaque
grain de sable, chaque molécule d'argile re-
tournait à son lieu primitif, quel immense changement de scène ! A cette plaine étendue dont
l'agréable verdure te sourit maintenant, toute
semée de châteaux, de villages, de cités, suc-
céderait un abîme si profond, que la mer par
une invasion nouvelle viendrait battre de ses
ondes les flancs des Alpes et de l'Apennin.

Et ce fut réellement ainsi à une époque éloignée, avant que l'homme n'apparût sur la surface de la terre. La vallée sillonnée maintenant
par le Pô et par ses affluents a été autrefois un
lit de mer, et les dépôts de limon et de sables
tout pleins de coquilles très-semblables à celles
des mers actuelles en offrent une preuve irré-
cusable; ces dépôts, — d'un côté en série presque continue — se prolongent de manière à former les collines du pays d'Asti, du Plaisantin,
du Modénais, et se rencontrent du côté opposé
de la vallée, dans quelques petits endroits des
collines subalpines.

II. Comment donc le fond de cet ancien lit
de mer a-t-il pu s'élever, se montrer à sec, et
servir ensuite de lit aux eaux diluviales des-
cendant des montagnes qui l'enclavent? Les
causes probables de cet évènement viendront
s'offrir spontanément à ton esprit pouvu que
tu veuilles bien penser à tout ce que tu as lu
dans la lettre précédente; tu reconnaîtras, en
effet, ces causes — soit dans un abaissement
du fond de l'Adriatique actuelle, — soit dans
un mouvement inverse du terrain des Alpes et
de l'Apennin. Par l'une de ces deux causes, la
mer Adriatique commença à se resserrer dans
des limites plus étroites, et ce procédé se con-
tinua ensuite par les transports et les sédiments
successif dus aux eaux diluviales.

Quant à l'origine des immenses dépôts qui ont comblé le fond de cette ancienne vallée et créé la fertille pleine Insubrique (1), il n'est pas nécessaire d'une plus longue dissertation. Il nous faut maintenant rechercher par quelles forces la nature a pu transporter, disperser, niveler un amas si étendu de matériaux enlevés aux crêtes des montagnes environnantes. Ici même, notre recherche se trouve facilitée par l'examen des procédés persistants, continuels, différents seulement par une extension et une intensité moindres de ceux, qui évidemment, opérèrent les grands effets — maintenant le sujet de nos considérations.

Ces dépôts ont été formés par les eaux d'une manière analogue à ce que nous voyons tous les jours se pratiquer par nos fleuves. Cependant, dans un sens rigoureux, on ne saurait les attribuer à ces fleuves, c'est-à-dire ni au Pô, ni à ses nombreux affluents. Mais supposons à présent que tous les fleuves et tous les torrents alpestres, qui trop souvent débordent par suite des grandes pluies et dévastent le pays dans lequel ils ont creusé leur lit, se gonflent tout-à-coup et sortent de leurs limites actuelles, de manière à se réunir ensemble et à former une vaste

_____

(1) Au nord du Pô, entre le Tésin, l'Adda et les Alpes.

inondation submergeant toute la vallée : alors
telle sera la masse de gravier, de sable, de limon transportée par une impétuosité si extraordinaire des eaux envahissant la basse plaine,
qu'elle la surchargera d'un nouveau dépôt si
semblable au dépôt actuel qu'il en paraîtrait
un exhaussement, une continuation. Cette
scène que ton imagination peut se représenter
dans toute sa majesté est un tableau de la ca-
tastrophe qui forma jadis la grande plaine de
la vallée du Pô. La seule chose que pour le moment tu ne parviendras pas à comprendre, c'est
l'origne d'une si grande masse envahissante
d'eaux fluviales; mais sur ce point aussi ton
esprit sera satisfait.

III. Tu sais très-bien que les amas prodigieux de glaces et de neiges perpétuelles, dont
la blancheur brille de loin sur les sommités
des crêtes alpestres, sont l'aliment perpétuel
de nos fleuves. Or, ces glaciers, qui sont
sujets à des changements sensibles — même
pendant la courte période de la vie d'un homme
— eurent autrefois une extension beaucoup
plus considérable que celle que nous leur
voyons aujourd'hui. Des vallées entières maintenant peuplées et florissantes en étaient re-
couvertes. Parmi les nombreux témoignages
que je t'en pourrais fournir, j'en choisirai un

7

très-facile à vérifier et en même temps très-signifiocatif.

De Courmayeur (1) — séjour d'été de tant de personnes qui viennent rétablir leurs forces physiques dans ses eaux minérales et respirer un air pur et salubre, — une heure de chemin te conduit au pied du glacier de la Brenva. Après être revenue de la magique impression de cette scène nouvelle, observe une gigantesque muraille de sable, de gravier, de fragments de roches de volumes divers, confusément mêlés, qui se trouve adossée aux flancs du glacier : — cette muraille forme ce que les Suisses appellent une *moraine* (2).

Suppose maintenant dans notre pays un changement de climat tel, qu'il fonde une grande partie de la glace, et qu'il ramène le glacier lui-même à des proportions moindres : — il laissera la moraine comme un document perpétuel pour attester son ancienne extension. Pendant que ces impressions sont encore vives dans ta

(1) Ou Cormajeur, bourg des Etats sardes, à 28 kilomèt. nord-ouest d'Aoste; (1,300 habitants) : bâti dans une position pittoresque, entre six glaciers, en face du mont Blanc et des sommets du Crammont et de la Seigne ; — sur la route de Genève à Turin par le petit Saint-Bernard.

(2) Ces fragments de roches plus ou moins gros sont analogues aux roches qui dominent les glaciers.

mémoire, regarde au sortir de la vallée d'Aoste,
près des collines d'Ivrée, sur la gauche, le
monticule de la Serra qui s'offre comme une
grande lisière proéminente presque parallèle
àu cours de la Doire-Baltée. Il est entièrement
formé par un amoncellement de sables, de
graviers, de grosses masses pierreuses, et il
est — en toute circonstance — si semblable à la moraine de la Brenva, qu'on se
trouve irrésistiblement conduit à reconnaître,
pour l'une et pour l'autre, un même procédé de
formation. La Serra est donc l'ancienne moraine d'une énorme glacier qui, encombrant
toute la vallée d'Aoste, avait sa base dans la
plaine d'Ivrée. — On arrive à la même conclusion en examinant tant d'autres collines
constituées encore de fragments de figures différentes, et de volume même colossal, qui se
trouvent dans plusieurs autres localités alignées au pied de nos Alpes.

La fusion rapide et presque totale de ces anciens glaciers — qui dans une époque très-reculée
encombraient les vallées et les anfractuosités
de la grand chaîne des Alpes, — a été une cause
plus que suffisante pour produire cette inondation qui transporta sur le fond de la grande
vallée Insubrique ces immenses dépôts de graviers, de sables et d'argile sur lesquels a poussé

la végétation actuelle, et qui font de ce pays un des plus beaux et des plus fertiles de l'Europe.

IV. Tous les terrains qui, comme celui-ci, sont constitués de matériaux préexistants transportés, remêlés et nouvellement déposés par les eaux, se nomment *terrain d'alluvion,* — ou même simplement *alluvions.* La déposition de ces terrains est continuelle, particulièrement près de l'embouchure des grands fleuves dans la mer. Le courant abandonne d'abord les matières les plus pesantes, entraînant vers l'embouchure les parcelles les plus légères, et, tout le long de son cours, déposant le sable qu'il transporte partout où un obstacle s'oppose à la marche du courant lui-même. Si le fleuve a son embouchure, comme cela arrive fréquemment, dans un sein de mer peu profond, nonseulement ses dépôts tendront à remplir cette cavité, mais peu-à-peu le fleuve lui-même y prolongera ses bords et son lit. Or, dans la suite, à chaque crue des eaux, leur impétuosité s'augmentant contre ses rives mobiles nouvellement formées, il arrivera qu'elles céderont sur quelque point; — de ce point une partie de l'eau du fleuve débordera; un nouveau canal s'établira qui formera également ses rives par des dépôts sur les côtés du courant et se portera enfin à la mer, en suivant la pente du

terrain. Ce canal, par le même procédé, peut
être l'origine d'autres canaux moins considérables, et de cette manière le fleuve, se divisant
sans cesse vers son embouchure en de nombreux rameaux disposés en patte d'oie, arrive
à produire ce qu'on a coutume d'appeler un
delta.

D'un autre côté, le rivage, et l'eau renfermée
dans le sein de la mer, opposent une résistance
aux vagues de la mer elle-même, qui, trans-
portant toujours ses sables vers la plage, en
direction opposée à celle du courant fluvial, y
produira un monceau de ses propres sables
réunis à ceux du fleuve; — ainsi se forme
une barrière sablonneuse, ou, pour mieux
nous exprimer, un *cordon littoral,* qui peu-
à-peu intercepte la communication de la cavité avec la mer, convertit cette cavité en une
lagune d'eau stagnante que les continuels at-
terrissements du fleuve tendent à combler et à
convertir peu à peu en une plaine à sec. —
C'est ce qui serait arrivé à la lagune de Venise,
si les Vénitiens, jaloux de leur forte position
au milieu des eaux, et désirant la maintenir,
n'eussent pensé à temps — et par des travaux
considérables, et par le creusement de superbes
canaux, comme le canal de la *Brentella,* ceux
du *Brentoné,* et de la *Brenta nuovissima,* — à

décharger directement en dehors du rivage les eaux qui par leur cours naturel allaient encombrer la lagune.

V. Les rivages et les cordons littoraux, ainsi formés par les sables que les ondes marines rejettent continuellement, sont remués et transportés par un autre agent — l'air.

Le souffle impétueux des vents marins soulève le sable et le transporte dans l'intérieur des terres, où il retombe, s'amoncelle et forme des éminences de 6 à 20 mètres d'élévation alignées à peu près parallèlement aux plages, avec une pente douce vers la mer, rapide vers la terre. Non-seulement le vent forme ces éminences, mais les transporte incessamment ; de sorte que, dans le cours des années, on voit se produire une succession de ces éminences en manière de vagues de sable qui tendent à envahir la campagne. — On donne à ces petites collines le nom de *dunes*. Le sable qui les forme est pour le plus souvent sec et très-fin : quelquefois cependant, à la suite de la filtration des eaux, un ciment s'y ajoute et les solidifie en pierre arénaire ou grès.

VI. Le progrès des dunes à l'intérieur de la terre est plus ou moins rapide, selon les localités et selon les vents prédominants. Dans certains endroits elles deviennent un vrai fléau, stérilisent

les campagnes et ensevelissent des villages entiers, comme cela est arrivé dans la basse Bre-
tagne. Ailleurs, au contraire, la ligne des dunes
renforçant le cordon littoral et formant un rempart contre l'Océan, contribue à en séparer de
vastes sinuosités qui deviennent ensuite des
lagunes, et enfin par les dépôts incessants des
fleuves se transforment en basses plaines çà et
là marécageuses, susceptibles toutefois, d'être
livrées à la culture. De Calais jusqu'à l'Elbe,
une ligne de dunes de 506 kilomètres suit les
contours de la côte et est à peine interrompue
par les passages des fleuves. Derrière ce puissant rempart s'étendent les plaines vastes et
fertiles qui ont pris le nom de Pays-Bas ou de
Néerlande, — dont on doit la formation ré-
cente aux alluvions du Rhin, déposées dans
un sein de mer compris entre la ligne de ces
dunes et les collines sablonneuses du nord de
l'Allemagne. La nature a servi d'institutrice à
l'homme, qui dressant, là où manquaient les
dunes, des digues puissantes, dirigeant les ramifications du Rhin, déployant en toute occasion une activité infatigable et industrieuse, sut
convertir de vastes marais et des landes humides et désertes en provinces qui comptent
parmi les plus riches et les plus heureuses de
l'Europe, c'est-à-dire en faire la Hollande.

VII. Je puis te montrer dans notre Italie
un autre exemple remarquable de la force de
nivellement des agents atmosphériques aidée
du concours des eaux fluviales. Le Tagliamento,
la Piave, le Sile, la Brenta, le Bacchiglione,
l'Adige, et surtout le Pô, transportent incessamment vers leur embouchure les sables les
plus légers qui proviennent de la décomposition des crêtes alpestres. L'Adriatique, qui reçoit continuellement ses tributs, est un golfe de
la Méditerranée, long de 900 kilomètres, large
environ de 150. Sa profondeur, qui varie selon
les endroits, est en général très-peu considérable
vers l'extrémité du golfe. Le long de la côte de
l'Istrie, où la profondeur est la plus grande, la
sonde arrive à peine à 80 mètres. La plage du
côté de l'Italie, — de Trieste jusqu'à Rimini — est
plane, sablonneuse et se prolonge sous les eaux
de la mer avec une inclinaison si faible que
les navigateurs donnent à juste titre la préférence à la côte opposée. Du côté de l'Italie, le
cordon littoral, assez régulier et monotone, est
interrompu par les nombreuses embouchures
par lesquelles se déversent dans la mer les
fleuves avec leurs ramifications, ou s'ouvrent les
lagunes, les vallées, que ce cordon a laissées
derrière lui. Le fond de ce golfe se prête mer-
veilleusement aux alluvions fluviales, et à

leurs progrès dans l'intérieur de la mer. En
effet, l'histoire nous fournit d'importants documents qui nous permettent de constater d'une
manière positive la marche progressive de ces
alluvions dans le laps de quelques siècles seulement.

Ravenne était jadis un port de mer. On y
voit encore dans les murs les plus anciens
quelques gros anneaux auxquels on avait l'habitude d'attacher les navires; et Strabon en
donne une description analogue à celle qu'on
pourrait faire maintenant de Venise : — elle se
trouvait établie au milieu des lagunes, et divisée en îles par de nombreux canaux. Or, de
nos jours, cette ville se trouve éloignée de 7 kilomètres de la mer. De même, Adria, qui a
donné son nom au golfe, se trouvait certainement autrefois aux bords de la mer, dont le rivage le plus proche est maintenant vers l'embouchure de l'Adige, c'est-à-dire à une distance
de 25 kilomètres. L'atterrissement des lagunes
sur lesquelles s'élevaient ces deux villes est
dû principalement aux alluvions du Pô et de
l'Adige. — Adria se trouvait située sur la rive
d'une lagune dont le cordon littoral est resté à
une distance d'environ 10 kilomètres du méridien de cette cité. Les cartes du Polésine nous
le représentent formé comme il est d'anciennes

dunes, appelées dans le pays *montoni* (monticules) et qui traversent le delta du Pô.

L'Adige et le Pô ont comblé ces lagunes par leurs alluvions; mais, par la marche du temps et précisément dans le XIIᵉ siècle, ils rompirent aussi la barrière que l'ancien cordon littoral leur opposait et se déversèrent en dehors, prolongeant toujours et étendant leurs dépôts. Ceux du Pô s'avancent beaucoup plus que ceux de l'Adige, et, si ce prolongement continuait régulièrement comme jusqu'ici, — de 70 mètres chaque année, — si l'action des ondes marines et la profondeur du lit de l'Adriatique ne mettaient pas une limite à un progrès si rapide, il est facile de calculer que, dans l'espace de 1296 ans, ces alluvions arriveraient jusqu'au port de Rovigno, en Istrie, dont la pointe du delta du Pô est distante en ligne droite de 88,896 mètres.

VIII. Le travail incessant de nos fleuves se réduit presque simplement aux dépositions alluviales près de leur embouchure et au remuement des matériaux de leur lit. Les immenses couches de sables et de matières aréneuses qu'ils sillonnent dans leur cours tortueux s'étendirent sur le fond des grandes vallées, à une époque antérieure à toute mémoire historique, et à la limite moderne des fleuves eux-mêmes. — Et cependant ces lits immenses tirèrent aussi leur origine, comme je te l'ai déjà dit, de la décomposition des crêtes des montagnes et des transports opérés par de puissants courants. C'est pour cela aussi que les dépôts dont ils sont constitués s'appellent *alluviaux,* ou, — afin de les distinguer de ceux qui se forment chaque jour, — *diluviaux:* voulant ainsi faire allusion à la période de leur formation, qui est celle du dernier déluge géologique, auquel on doit la destruction de tant de générations d'animaux. C'est en effet dans ces dépôts qu'on retrouve les carcasses des mégathères, des mastodontes, des grandes espèces d'éléphants, de rhinocéros, de bœufs, de cerfs, d'espèce très-ressemblante, mais non pas identique à celles d'aujourd'hui. Les plaines de la Sibérie et les pampas de l'Uruguay en sont de véritables cimetières, — et dans notre Italie — les vallées du Pô et de l'Arno.

IX. Depuis quelques années, une province d'Amérique, auparavant déserte et presque ignorée, jouit d'une immense renommée, — c'est la Californie. Des familles entières de tous les pays, attirées là par une cupidité fébrile, y accourent, bravant les ennuis d'une longue traversée, les privations et les périls d'une existence presque sauvage, se berçant l'esprit

d'une douce espérance — espérance qui pour
le plus grand nombre ne se réalise jamais —
qu'un jour se lèvera où ils pourront, après avoir
amélioré leur position, revenir dans leur patrie.
— C'est là que se trouve le pays de l'or.

Là, en effet, dans le fond des vallées sillon-
nées par les affluents du Sacramento et du
Saint-Joachim, sont répandues à profusion dans
les sables diluviaux, les paillotes et les pépites
du précieux métal, et des légions de travail-
leurs s'acharnent à les séparer, au moyen du
lavage, des autres parties plus légères des
sables eux-mêmes. — Plus récemment la découverte de nouvelles et de plus riches régions
aurifères dans la Nouvelle-Hollande a exalté
encore l'ardeur au gain, et imprimé un mouvement nouveau aux compagnies de spéculateurs.

Or, il faut que tu saches qu'une telle dissé-
mination de l'or dans les sables n'est pas l'a-
panage exclusif de telle ou telle contrée loin des
centres de la civilisation. Presque partout où les
fleuves coulent au milieu des dépôts du dernier
déluge géologique, ils coupent dans ceux-ci une
couche de sables aurifères. Peut-être te sera-
t-il nouveau d'apprendre qu'en Italie aussi, les
laveurs d'or retirent souvent un gain très-
honnête des fatigues qu'ils se donnent à fouiller
les sables de l'Oglio, de l'Adda, du Tésin, de

la Sésia, de la Doire-Baltée. C'est une opinion très-répandue que ces fleuves transportent eux-mêmes le sable d'or, — peut-être parce qu'ils donnent un profit beaucoup plus considérable à l'époque qui suit leurs débordements. Mais cette opinion est erronée : ces fleuves ne font que dénuder la couche de sables aurifères et en entraîner par la force du courant les parcelles les plus légères, rendant ainsi plus facile et plus complet le lavage artificiel qui doit donner pour résultat la précieuse poudre.

L'or ne constitue pas encore la seule richesse de ces sables diluviaux : il s'y trouve associé à un autre métal, — le platine, — et à plusieurs sortes de pierres précieuses, parmi lesquelles la reine de toutes — le diamant.

D'inestimables trésors ont été extraits de semblables gisements au Pégu (1), au royaume de Golgonde, dans la grande île de Bornéo, avant même la découverte du Brésil, où un district considérable tire son nom des diamants (2). Là, le long du Rio Pardo, du Rio

___

(1) Ou Pégou, et mieux Bago, entre l'Irraouaddy et le Thsan-Louen (Indo-Chine).

(2) Diamantino ou district diamantin ou des diamants, dans la comarca de Cerro-do-Frio, fait partie de la province de Minas-Geraës. Le produit annuel est de 25,000 karats (5 kilogrammes). Les frais d'exploitation s'élè-

Jequetinhonha, du Rio do Peixo, de nombreuses bandes d'infortunés enlevés par une main rapace et barbare à leurs terres natales du Congo ou de la Guinée, traînent une vie misérable, condamnés par l'avarice de leurs maîtres à chercher dans les sables, mêlés confusément de tant d'autres matières, les diamants qui s'y trouvent épars, et qui, à l'instant même, leur sont enlevés par des gardiens soupçonneux et cruels.

L'air atmosphérique, — par son action persévérante, décomposant et réduisant en sables les roches dans lesquelles les paillettes d'or et les pierres précieuses sont disséminées, — s'est mis au service de l'homme qui payerait d'un prix bien plus élevé ces objets de ses désirs cupides, s'il devait les extraire lui-même de leurs gîtes originaires. Toutefois ce service est d'une importance très-minime comparé aux buts divers que la suprême Providence eut en vue par cette action de l'air sur la partie solide du globe!

vent à un million de francs. — Les prix du diamant taillé sont les suivants :

1 karat (22 centigrammes),	250	francs
2 —	750	»
3 —	1,806	»
4 —	2,600	»
5 —	3,500	»
Etc.		

Les diamants au-dessus de 12 karats sont déjà rares.

LETTRE QUATORZIEME.

**I. — La terre des champs. — II. Sa base miné-
rale. — III. Terreau et tourbe. — IV. Leur
formation. — V. Leur puissance fertilisante.**

I. Un temps viendra — et peut-être n'est-il
pas loin — que les sables si vantés de la Californie et de l'Australie seront épuisés, et les
saisons, les années, les siècles passeront sans
y reproduire cet or qui y attire tant de bandes
de spéculateurs acharnés ; — mais la terre des
champs ne cessera jamais, elle, de donner des
fruits, tant que l'homme, du moins, la cultivera et
l'arrosera de ses sueurs. Cette terre, il est vrai,
n'est pas partout également productive. Toi-
même, en parcourant nos plaines, tu auras pu
remarquer une longue succession de riantes
campagnes interrompue par de vastes étendues de terrain à peine couvert de bruyères et
parsemé d'arbustes rares et rabougris, — état
de choses que tolère encore notre inertie, mais

que devront certainement réparer les générations futures. L'art du cultivateur est spécialement destiné à rendre moins sensible cette
différence dans le degré de fertilité des divers
terrains et à rapprocher même les plus rebelles
de ce type de fécondité que nous voyons réa-
lisé dans la basse Lombardie. L'homme peut
beaucoup dans le genre de travaux qui a pour
but de transformer, de modifier la couche de
terre cultivable; c'est là le théâtre de ses véritables conquêtes sur la nature. La renommée
des riches campagnes du Lodigiano (1) s'est
étendue au loin, et, avec elle, l'envieuse et in-
juste croyance qu'une si grande richesse du
sol est l'œuvre de la nature seule, et qu'ainsi
l'a trouvé le premier occupant. Certes, aucun
bienfait de la nature n'a été plus mérité que
celui-ci, car il a été obtenu à force de persévérence, de fatigues et de talent. Les fameuses
prairies qui payent un tribut si abondant au
Lombard Sardanapale, comme dit ce fou-
gueux génie de Foscolo, et qui *le font heureux
de loisirs et de victuailles* (2) — sont toutes des
résultats de l'art; la main industrieuse des habitants a ainsi transformé et fertilisé des landes

(1) Province du royaume Lombardo-Vénitien.
(2) « *Lo fan d'ozii beato e di vivande.* »

que la nature avait faites de sables et de gravier.

Qu'est-ce donc et comment se forme la terre végétale? — Cela n'est plus un mystère, même pour le paysan le plus grossier. Elle résulte du mélange intime de deux parties distinctes, c'est-à-dire d'une partie fondamentale originaire, produite par la décomposition des roches préexistantes — et d'une partie organique additionnelle, provenant des feuilles, des tiges, des racines de plantes mortes et décomposées. La couleur brune de différentes nuances, l'odeur caractéristique, agréable, quand elle n'est pas suave, qui s'exhale des sillons nouvellement creusés par la charrue, doivent être rapportées à cette partie organique.

Or, il est important de considérer distinctement la composition et le rôle de ces deux parties.

II. La partie minérale constitue, comme je te l'ai observé, le fondement, la base de la terre des champs. Dans l'ordre de la création, en effet, elle est antérieure, et de sa diverse composition dépend le développement de la végétation qui doit former et y accroître annuellement le mélange organique. A chaque changement de scène, dans nos Alpes, tu trouverais les exemples les plus convaincants et les plus instruc

tifs de l'influence que la constitution minérale
du terrain exerce sur le développement de la
végétation. Pour ne pas me transporter par la
pensée trop loin des lieux d'où je t'écris, je t'invite à observer le curieux contraste que fait
la montagne nue et aride de Baldissero, avec
les champs fertiles, avec les collines pamprées
du Canavais, au milieu desquelles elle surgit
comme un rocher maudit. Les rapports entre
la végétation qui recouvre les montagnes et la
qualité des roches qui en forment la masse,
sont si étroits et si immédiats, que, si l'on exa-
mine même de loin, une série de reliefs formés par des roches différentes, le regard ex-
pert du naturaliste peut discerner les limites et
la distribution des roches elles-mêmes d'après
l'aspect varié de la végétation qu'elles portent
et nourrissent.

En général, on peut établir cette loi : qu'une
roche donnera lieu à la formation d'un terrain
d'autant plus fertile que la roche elle-même
ressentira d'autant plus par sa nature l'action
chimique et mécanique des agents atmosphériques.

Et quelles sont parmi ces roches les plus fa-
ciles à se décomposer? — Je te l'ai déjà signalé dans une lettre précédente : — ce sont
celles dont la nature chimique est le plus com-

plexe, parce qu'elle résulte de silice combinée
à différentes bases : comme l'alumine, la potasse, la soude, la chaux, l'oxyde de fer, etc.
Le granit, le gneiss, le micaschiste, seraient
de ce nombre. Ils subissent par l'influence de
l'air, une altération analogue; mais cette influence est beaucoup plus énergique dans les
gneiss et dans les micaschistes, en raison
de leur structure à couches, à petites feuilles,
par lesquelles les agents atmosphériques pénètrent facilement, et de cette manière, s'y
creusent, cette espèce de carie (comme disent
quelques-uns) que ces agents tendent à y produire sans relâche. — Les gneiss et les micaschistes de nos Alpes contribuent principalement à la formation de la fertile plaine Insubrique.

Les roches sédimenteuses non cristallines
peuvent produire aussi des terrains d'une fertilité très-inégale : — la loi à laquelle j'ai fait
allusion tout à l'heure leur est aussi applicable.
Quelques-unes d'entre elles, résultant déjà de
matériaux de granit, de gneiss, de micaschistes
précédemment décomposés et solidifiés de
nouveau en couches facilement divisables en
lamelles, conservent les conditions fertilisantes
originaires qui souvent viennent en grande
abondance imprégner ces sédiments au mo-

ment de leur formation. Telle est la nature
géologique de la roche du *Faulhorn,* d'où le
Rhin reçoit le tribut d'eau et de limon si ferti-
lisants qu'il transporte ensuite vers son embouchure dans les plaines de la Hollande. Le nom
de cette montagne, qui, dans l'idiome allemand,
signifie *Pic en décomposition,* exprime très-
bien l'intensité du travail des agents atmosphériques.

Dans la série des roches sédimenteuses,
celles désignées sous le nom de *marnes* méritent une considération spéciale de la part de
l'agriculteur; elles varient dans l'ensemble de
leurs caractères, en raison de la proportion différente des deux matières du mélange desquelles elles résultent, et qui sont l'argile im-
pure plus ou moins sablonneuse et le carbonate de chaux. Si ces deux matières sont en
juste proportion et si, dans les couches de la
roche, abondent les restes des êtres organiques, comme d'ordinaire cela arrive, aucune
roche ne sera plus propre que celle-ci à favoriser et à alimenter une riche végétation. Au
contraire, les collines, les montagnes de pierre
purement calcaire, dure, compacte, sont de la
plus désolante stérilité.

Les vrais terrains cultivables résultent donc
d'une décomposition, d'une élaboration nou-

velle de roches préexistantes; — et ordinairement ce sont aussi des terrains transportés.
Pour ne considérer maintenant que leurs propriétés physiques, d'où dépend le succès de la
culture, il faut dire d'abord que tous ne se prêtent pas également bien à assurer ce succès.
Quelques-uns doivent être nécessairement cor-
rigés par les soins du cultivateur, et on peut
principalement diviser ces terrains en deux
classes, déterminées, dans le langage vulgaire,
par les désignations de terrains *forts* et terrains *légers*.

Les premiers se composent, en proportion
dominante, de matière argileuse, et, en conséquence, ils retiennent les eaux pluviales, forment avec elles une pâte tenace qui, lorsqu'un
temps sec survient, durcit et se fend en plusieurs directions, et sous les déchirements de
la charrue se réduit en mottes volumineuses et
compactes. La force avec laquelle une terre
semblable adhère aux racines des plantes en
empêche le développement et intercepte leur
contact avec cette certaine quantité d'air qui
doit nécessairement et utilement pénétrer à
quelque profondeur dans le terrain.

Les terrains légers sont, au contraire, formés de sables incohérents que l'eau fertilisante
des pluies traverse et parcourt sans s'y arrêter

suffisamment, et dans lesquels, pendant les temps arides, l'air pénètre au point de dessécher les racines des végétaux. Les natures opposées de ces deux sortes de terrains indiquent d'une manière assez claire au cultivateur comment l'une peut contribuer à corriger l'autre.

Maintenant, cette partie fondamentale originaire des terrains cultivables présente à notre considération sa composition chimique; et même dans ce cas est valable la loi déjà énoncée : que les roches cristallines anciennes sont les meilleurs principes de ces terrains. Les plantes, en effet, y peuvent choisir et y trouvent amplement toutes les substances minérales dont a besoin leur organisme; car ce sont ces substances qui forment le feldspath, le mica, l'amphibole, composants de ces terrains. Outre cela, on trouve dans ces roches disséminées accidentellement, mais fréquemment, d'autres substances minérales qui doivent entrer en petite, mais nécessaire quantité, dans les terrains destinés à certaines cultures, — et parmi ces substances je citerai, par exemple, le phosphate de chaux, dont l'importance agricole est trop importante, quand on réfléchit à la quantité de ce composé qui doit entrer dans le grain des céréales, pour être ensuite transmis par celui-ci à notre organisme. Le froment ne mûrirait pas dans un terrain, quelque riche qu'il fût de tous les autres principes, s'il manquait de phosphate de chaux.

III. Le mélange organique de la terre végétale s'appelle proprement le *terreau*. Il dérive, comme tu le sais déjà, de la décomposition des plantes qui y meurent annuellement, et s'accumule toujours dans les terrains non cultivés, comme dans les bois, dans les bruyères. Tu dois te souvenir, en effet, que lorsque la culture de certaines fleurs exige une terre grasse et comme on dit une terre chaude, on a recours à celle de bruyère. Au contraire, dans les champs cultivés, le terrain en deviendrait toujours plus pauvre sans la prévoyance que l'on a de lui restituer de nouveau, au moyen du fumier, les principes dont on le dépouille par les moissons. C'est une vraie *partie* de *Doit* et *Avoir* entre l'agriculteur et son champ; et c'est seulement par un parfait équilibre final, que le premier obtient son plus grand avantage.

Le terreau ne s'accumule pas seulement sur la terre nue, à la libre action de l'air; mais aussi dans l'eau, par la mort de végétaux annuels qui vivent dans ce milieu. Le terreau qui, dans une telle circonstance, se présente sous un aspect particulier, prend un autre nom, —

celui de *tourbe*. La tourbe est une matière très-commune, qui se produit toujours dans les endroits marécageux, sur les bords et au fond des étangs qu'elle comblera avec le temps ; en de certaines localités, elle se trouve amassée en abondance si grande qu'elle constitue par elle seule des couches très-épaisses et très-étendues. Certaines prairies marécageuses auront sans doute laissé quelque impression dans ta mémoire : elles ne sont pas rares dans le fond des vallées alpestres, où le terrain mou et élastique cède sous les pas à peu près comme s'il était de liège. Tu auras vu aussi, sur les parois des fossés qu'on y creuse pour faciliter l'écoulement des eaux, s'étendre sous la croûte herbeuse une couche de terre noirâtre, encore visiblement formée de parties végétales, étroitement entrelacées et décomposées : c'est encore de la tourbe. Cette matière est très-connue, ordinairement employée comme combustible, et sa quantité compense sa mauvaise qualité.

IV. Afin de concevoir de quelle nature est l'altération subie par les végétaux lorsqu'ils se réduisent en terreau et en tourbe, tu dois rappeler à ta mémoire tout ce que j'ai eu occasion de te dire dans une lettre précédente, relativement aux principes essentiels qui entrent dans la composition de l'organisme des plantes : — ces principes sont l'oxygène, l'hydrogène et, en quantité prédominante, le carbone. Lorsque l'action de la vie qui les maintenait de force en combinaison cesse, ces principes tendent à se séparer, en réagissant entre eux ; et, en ressentant sans cesse l'action oxydante de l'air, ils donnent lieu à la formation de vapeur aqueuse (oxygène et hydrogène) et d'acide carbonique (oxygène et carbone). Dans ce procédé d'effective—bien que de très-lente combustion, — le mélange végétal qui se convertit en terreau perd au commencement beaucoup plus d'hydrogène que de carbone, et celui-ci, restant toujours plus isolé, donne au mélange organique une couleur brune toujours plus intense. Que la tourbe soit pauvre d'hydrogène en comparaison des végétaux morts depuis peu, tu le vois d'après la manière de brûler, — celle-là donnant peu ou point de flamme, — ceux-ci une flamme vive.

V. L'air ne cesse pas un instant d'agir, même sur le terreau complètement formé et réduit en une masse terreuse ; — et, en raison de cette action, le terreau devient une source incessante d'acide carbonique, auquel il faut attribuer en partie sa puissance fertilisante. L'acide carbonique formé de cette manière, non-seulement

est absorbé comme principe nutritif par les générations successives de plantes, mais il agit
encore sur les matières minérales du terrain,
— il en hâte la décomposition ultérieure, toujours à l'avantage de la végétation nouvelle.

Or, n'oublie pas que dans les plantes,—et spécialement dans quelques-unes de leurs parties,
comme dans les jeunes tiges, dans les feuilles,
dans les fruits,— sont contenus, quoiqu'en faible
proportion, quelques matériaux azotés très-analogues, pour ne pas dire identiques, à ceux qui,
en proportion beaucoup plus considérable, forment les tissus des animaux. Ces composés, ainsi soustraits à l'influence de la vie, se dissolvent
avec une grande promptitude dans leurs éléments ; il en résulte, — outre l'eau et l'acide
carbonique, — de l'ammoniaque. Celle-ci, rede-
venue libre et gazeuse — comme son état le
comporte, — tend à se disperser dans l'air ;
mais, en contact avec les générations croissantes de nouvelles plantes et absorbées par
celles-ci, elle y rétablit les composés primitifs
dont elle s'était exhalée. Les effets bienfaisants
des substances azotées—par cela même qu'elles
développent de l'ammoniaque — sur le progrès
de la végétation sont si évidents, que les fumiers — ou pour me servir d'une autre expression — les terreaux artificiels deviennent plus

riches de ces substances par l'adjonction des produits excrémentiels des animaux.

Je n'ai pas encore exposé toutes les raisons de la puissance fertilisante du terreau. — Les résidus des plantes dont il est constitué contiennent toujours les substances minérales que les plantes elles-mêmes, pendant leur vie, avaient absorbées du terrain, et qui, retournant au terrain, le rétablissent dans ses bonnes conditions d'auparavant. L'influence exercée sur la végétation par les matières minérales du terreau et des fumiers est si grande, qu'on obtient à peu près les mêmes effets tant en les employant en nature que réduits en cendres. Ceci ne doit pas te surprendre, si tu réfléchis que les plantes tirent leurs éléments nutritifs en partie de l'air et en partie du sol, et que l'air, toujours identique dans sa composition, ne s'en épuise jamais, tandis que c'est le contraire pour le terrain cultivable.

Sur la véritable destination du terreau et des fumiers que je voudrais te faire clairement comprendre, on a longuement disputé dans ces dernières années. Comme il est connu que les plantes absorbent les liquides qui sont en contact avec leurs racines, et comme aussi les eaux dissolvent quelques substances organiques du terreau, on agita cette question : ces substances sont-elles réellement élaborées, digérées, assimilées par les plantes de la même manière que la nourriture l'est par les animaux? Le professeur Liebig s'est décidé résolument pour la négative; et, sinon tous, certainement le plus grand nombre des naturalistes furent convaincus par les preuves expérimentales très-ingénieuses, par les arguments décisifs que fournit cet homme de génie. — Quant à ses adversaires, une seule considération suffirait pour les gagner à sa cause : — Quelle matière organique devait pourvoir au développement des premiers végétaux de la création, si c'est dans ces végétaux, eux-mêmes, que la matière organique se montra pour la première fois?

LETTRE QUINZIEME.

I. Les lichens sur les pierres. — II. L'air véhi-
cule des germes organiques. — III. Un petit
monde dans une goutte d'eau. — IV. Origine
des êtres organisés. — V. Les diatomées. —
VI. Les seuls êtres vivants prennent de la
nourriture. — VII. Eux seuls meurent.

I. Sur la surface des rochers et des gros
blocs écroulés dans le fond des vallées; sur les
parois mêmes des anciens monuments et des
palais de nos villes, tu vois abondamment répandues et adhérentes à la pierre, tantôt des
croûtes découpées et de couleurs variées
d'humbles lichens, tantôt des mousses verdoyantes et veloutées. Si tu essayes d'enle-
ver ces productions végétales à l'aide d'un
couteau, tu ne parviendras pas à les détacher
nettement du rocher, et tu ne pourras saisir le
point juste où celui-ci finit et où celles-là com-

mencent, tant la pierre décomposée se trouve identifiée avec les fines radicules de ces petites plantes.

Or, je suppose que tu ignores ou que tu aies oublié les notions que j'ai cherché à te donner dans la lettre précédente; et je saisis le moment de ta première impression pour te demander compte d'un fait si ordinaire. Tu vas peut-être me répondre que le rocher lui-même, sous la longue action du temps, des pluies et de la chaleur vivifiante du soleil, s'est transformé peu-à-peu en ces êtres vivants. Cette réponse serait en tout conforme à l'esprit humain qui juge d'abord des choses et des phénomènes naturels selon les apparences, et ne revient sur les jugements primitifs que par la force de faits nouveaux, et après le laps de temps nécessaire à leur découverte et à leur discussion approfondie. La même idée que toi, jeune fille et néophite en ce genre d'études, tu aurais exprimée dans le cas supposé, a été développée et érigée en véritable théorie par quelques philosophes de grand talent qui ne savaient concevoir l'ordre de la nature qu'en admettant un passage gradué du rocher à la plante, de la plante à l'animal. Mais, dans ces dernières années, — où nos connaissances relatives aux lois et aux phénomènes des corps vivants se sont

tant enrichies et tant perfectionnées, — cette
fameuse théorie s'est vue reléguée dans le
royaume des chimères.

II. Chaque être organisé et vivant par une
loi suprême et invariable, tire son origine d'un
parent de la même espèce et d'une ligne gé-
néalogique non interrompue, qui remonte au
« que cela soit » du Créateur. De même que
les tiges ne poussent pas dans les champs et
que les épis de blé n'y mûrisent pas, si l'agriculteur n'y a jeté les graines, ainsi les lichens et
et les mousses ne naissent pas sur les pierres,
sans que leurs germes n'y aient été déposés.
La différence entre ces deux faits consiste en
ceci : — que nous voyons, que nous opérons
la semaille du froment, et que le moyen par lequel les séminules des lichens et des mousses
parviennent sur les roches nues échappe à
nos observations. Cependant si l'œil n'aperçoit
pas la chute de ces séminules excessivement
petites, dans les lieux propices à leur développement, mille faits nous montrent indi-
rectement quelle en est la puissance dissémi-
natrice, et nous la font reconnaître dans l'air
même. Celui-ci — bien que subtil, diaphane,
et vraiment invisible — contient une multitude de corpuscules suspendus et continuellement agités, et parmi ces corpuscules dominent

précisément des germes organiques d'une telle petitesse qu'ils échappent à la vue la plus pénétrante. L'air les transporte aussi à de grandes distances, comme il fait des germes des chardons et des peupliers que tu auras pu voir tant de fois, semblabes à de petites touffes de coton, entraînés par le vent. A peine ces séminules, pour nous imperceptibles, sont-elles tombées dans un endroit favorable., qu'elles donnent naissance à autant d'individus spécifiquement identiques à leurs lointains progéniteurs.

III. Outre la variété infinie de plantes et d'animaux qui peuplent la superficie du globe, il y a des familles innombrables d'êtres qui vivent toujours au milieu des eaux, et qui, même dans leur plus complet développement, sont d'une si petite dimension qu'ils ne sont discernables que sous un fort microscope; — leur structure est si simple, qu'ils te sembleraient presque dépourvus des caractères d'une véritable organisation. Une seule goutte d'eau trouble et verdâtre des étangs, examinée à travers les lentilles d'un bon microscope, t'en présenterait tout un monde. Tu apercevrais une multitude de globules verts, tantôt libres, tantôt entassés, et des corpuscules en forme de navette, tantôt immobiles, tantôt oscillants, et tous remués, heurtés par d'autres corpuscules ovales, oblongs, transparents, qui sillonnent le champ, s'entrelaçant de mille manières, comme hâtés par de grandes affaires, tandis que d'autres en forme de cloche se dilatent, s'allongent sur leur tige, et disparaissent tour-à-tour.

Malgré leur petitesse et leur simplicité, ces êtres microscopiques, — *Algues* et *Infusoires*, — sont de vrais êtres organisés et vivants, — et les uns appartiennent au règne des plantes, les autres à celui des animaux, — aussi bien et par les mêmes droits que le chêne, le cèdre, l'aigle ou l'éléphant.

Les facultés caractéristiques des êtres vivants se manifestent également en eux, et certes par des actes bien faits pour exciter la stupeur dans l'esprit le plus indifférent et le plus ennuyé. Ils obéissent pareillement avec une très-grande rigueur aux lois fondamentales, qui toujours règlent chaque acte, chaque phénomène de la vie;—et, comme les cèdres ne naissent que d'autres cèdres, les aigles que d'autres aigles, — ainsi, les algues et les infusoires ne sont procréés que par d'autres êtres tout-à-fait semblables.

Ce qui surtout frappe d'étonnement dans ces organismes microscopiques, c'est leur rapide apparition par myriades innombrables là où auparavant n'en existait pas même la trace. Si tu laisses un verre rempli d'eau à l'air libre et à la lumière solaire pendant quelques jours, tu verras bientôt les parois du vase devenir verdoyantes, envahies qu'elles seront par une multitude infinie de globules qui s'y développeront rapidement. De ce fait que, — faussement interprété, — on voulut alléguer comme une preuve de la formation spontanée, sans germes préexistants, d'êtres vivants, il résulte, au contraire, la plus magnifique démonstration d'une faculté étonnante, mystérieuse, et tout-à-fait caractéristique des êtres mêmes, — la puissance reproductive.

IV. Dans le règne minéral les corps qui peuvent le mieux supporter une comparaison avec les êtres organiques sont les cristaux. Or, ceux-ci peuvent se produire artificiellement, pourvu qu'on place dans des circonstances favorables la matière dont ils sont composés; mais, par eux-mêmes, au contraire, en quelque condition qu'on les établisse, ils n'arriveraient jamais à engendrer d'autres cristaux, — c'est-à dire à se multiplier. Bien différemment, tout à l'opposé même, la chose se passe pour les êtres organisés, quelle que simple que soit leur structure.

A considérer les merveilles de l'esprit hu-

main dans notre siècle, on est forcé d'obéir à
un juste sentiment d'orgueil, et de s'écrier : —
Que ne peut pas l'homme? Il est beaucoup de
choses qui lui sont impossibles, ma chère fille,
bien qu'elles semblent infimes et de rien, com-
parées à sa grande puissance. Lui, qui transmet
sa pensée en un instant aux coins les plus reculés de la terre, vainc les obstacles des mers
et des montagnes, fait sortir de la matière
inerte des forces irrésistibles, il ne réussirait
pas même à former un de ces globules verts
d'une si grande ténuité qui se développent, ainsi
que je viens de te l'expliquer, dans l'eau exposée
au libre contact de l'air. Dans cette entreprise,
très simple en apparence, il se heurterait contre
la même impossibilité que celle qu'il rencon-
trerait, s'il essayait de faire du blé dans ses
laboratoires.

Ces globules naissent d'autres globules. A
peine l'un d'eux tombe-t-il dans l'eau placée
dans des conditions propices, qu'il germe aussitôt et devient la source d'autres globules, qui
peu-à-peu le deviennent aussi à leur tour, et ainsi
se forme une incalculable génération de ces
êtres microscopiques avec une telle rapidité,
que l'œil ne peut suivre tout le développement
de cette scène merveilleuse, et n'en saisit qu'à
peine et à l'improviste l'acte final.

V. Ces baguettes, ces navettes, qui se trouvent en si grande abondance dans l'eau des étangs, peuvent servir de sujet à des réflexions qui pourront te surprendre. En effet, ces petits êtres organiques dont il faut tout au plus évaluer la dimension moyenne à $^1/_{108}$ de millimètre en longueur, à $^1/_{200}$ en largeur, se composent d'un étui siliceux intérieurement partagé en plusieurs cloisons et rempli d'une pulpe d'un jaune verdâtre. Leur rapide multiplication ne s'effectue pas par une production interne de germes, mais bien par division, d'où le nom collectif, à radicale grecque, de *Diatómées* (1), donné à cette nombreuse famille de formes organiques. Cette division procède de telle manière qu'un individu se sépare en deux : — ces deux-là, en se séparant ultérieurement, en font quatre, et ainsi de suite pour les autres. Les êtres nouvellement formés restent tantôt séparés, tantôt groupés entre eux de diverses

(1) Cette multiplication rapide des Diatomées se représente encore de nos jours (V. *Diction. univer. d'Hist. Nat.*) Il existe en effet à Berlin et dans quelques autres contrées, un sol argileux qui est tellement imprégné de ces êtres vivants, qu'il conserve une mobilité telle, qu'on ne peut établir dessus de construction solide. En revanche, ces terres pétries donnent, par la cuisson, des briques excellentes et d'une telle légèreté qu'elles peuvent nager sur l'eau.

manières. Ce procédé de formation est tellement rapide, que, dans les meilleures circonstances, une seule diatomée est l'origine, en
48 heures, d'un million d'individus; en 4 jours,
de 140 billions. — Quelques sédiments des eaux
ayant l'aspect d'une terre très-fine, blanchâtre,
en sont presque entièrement formés, comme
par exemple, ceux que déposent l'Orénoque et
le Méta dans les étanchements du courant, et
qui servent pendant quelques mois de l'année,
sinon à rassasier, du moins à calmer la faim
des populations sauvages qui séjournent le
long des rives de ces fleuves.

Tu apprendras donc désormais, sans trop
d'étonnement, que des couches entières très-
étendues et d'une épaisseur de quelques mètres, de ces matières minérales d'aspect légèrement terreux, qui sous le nom de *tripoli* (1)
servent à polir les métaux, et de ces autres
connues sous le nom de *farines minérales, farines fossiles* (2), résultent presque entièrement

(1) C'est M. Ehrenberg qui a le premier découvert que
les substances siliceuses, confondues dans les arts et dans
l'industrie sous le nom de *tripoli*, étaient composées d'enveloppes de diatomées conservées sans altération.
(2) Ces farines fossiles ou minérales se trouvent en
Allemagne, en Laponie, à l'Ile de France et dans beaucoup d'autres lieux.
On en a trouvé récemment en France, dans le dépar-

de dépouilles siliceuses de diatomées, agrégées de telle façon que les 140 billions de ces êtres qui, — comme tu le sais maintenant, peuvent se produire en 4 jours — occuperaient un espace de deux pieds cubes seulement. Si je te faisais voir avec un bon microscope, à son plus fort grossissement, le tripoli de Bilin en Bohême, ou la farine fossile de Santa-Flora en Toscane, tu pourrais mieux te convaincre de cette vérité : — chacune de leurs plus menues parcelles est constituée par un être organique, semblables à ceux que tu vois représentés figure 17.

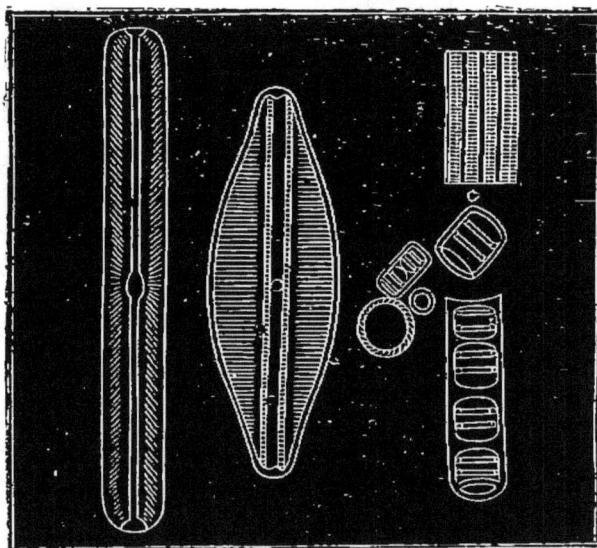

FIG. 17.)

tement de l'Ardèche. Le dépôt de cette substance est considérable et on l'exploite sous le nom de Tripoléenne.

Quelle étonnante force reproductive se manifeste donc jusque dans les organismes les plus simples. A qui serait-il arrivé d'en soupçonner seulement l'existence avant que l'observation la plus scrupuleuse et la plus patiente ne l'eût positivement reconnue dans ses effets ! Aussi l'erreur est elle-bien pardonnable de ceux qui, sous le prestige des apparences, supposèrent que tant de myriades d'êtres organiques si imperceptibles se forment d'emblée par la combinaison de leurs éléments.

VI. Cette force prolifique est intimement liée à une autre non moins merveilleuse et appartenant également d'une manière exclusive aux êtres organisés. Ces êtres ne pourraient exister, — et encore moins croître et se multiplier, — s'ils ne tiraient pas de l'extérieur les matériaux nécessaires à leur développement, dans l'impossibilité absolue où ils sont de les créer eux-mêmes. A cause de cela, une série d'actes

---

— M. de Brébisson a obtenu par la calcination, de quelques-unes des espèces de diatomées qui vivent dans nos eaux, une poussière blanche, sèche, âpre sous les doigts, formant un tripoli artificiel, d'une qualité excellente pour décaper les métaux. C'est le *Fragilaria pectinalis* Lyngb, qui fournit la poussière la plus homogène, et partant, la plus précieuse. — Le *Navicula viridis* Ehr., donne, par la calcination, une substance tout-à-fait semblable au dépôt siliceux fossile de Franzbad, près d'Egn, en Bohême.

importants doit avoir lieu dans leur corps :

1º Entrée de principes nutritifs qui sont, en partie du moins, assimilés ;

2º Emission de ceux qui sont devenus inutiles ;

3º Circulation d'humeurs entre les parties solides.

La vie consiste en ces mouvements incessants et coordonnés, — la mort est dans leur cessation complète, même pour quelques instants. On chercherait en vain quelque chose de semblable dans les corps inorganiques, dont les parcelles sont solidement liées les unes aux autres et subissent à peine des changements instantanés par l'action de causes extérieures et ne sont jamais imprégnées par des liquides porteurs de principes nutritifs.

Les moyens et les voies par lesquels se trouve établie cette intime circulation d'humeurs dans les corps vivants varient beaucoup, proportionnellement à la complication diverse des organismes ; — il y a tantôt pour atteindre ce but, des canaux propres, et même des canaux de plusieurs sortes ; — tantôt tout se fait par le simple intermédiaire de membranes perméables. Les faits les plus vulgaires démontrent, dans les plantes et dans les animaux les plus connus, la réalité de cette circulation, et la né-

cessité de l'absorption continuelle de matière
nouvelle pour la conservation et l'accroissement de l'individu, et surtout, pour la reproduction de l'espèce. Mais, dans les êtres inférieurs, ces procédés éminemment vitaux s'ac-
complissent d'une façon si obscure, que vraiment ils échappent à l'observation directe. Le
petit corpuscule (ou frustule) de ces êtres peut être
représenté par un sachet parfaitement fermé,
contenant une humeur ou une pulpe molle, dans
lesquelles tu chercherais vainement à observer
une circulation qui cependant s'effectue, et
avec quelle incroyable énergie! — Ici je dois
choisir encore mon exemple parmi les *diatomées.*

Le silex de leur envelope ne peut être pris
qu'à l'eau, où il s'en trouve dissout une quantité si petite qu'elle échappe à tout réactif chimique. On peut calculer qu'une seule de ces
diatomées renferme dans son corps une quantité de silex égale à celle qui peut être dissoute
dans 19 gouttes d'eau, — et il faut admettre
forcément, que cette quantité d'eau passe réellement par ce corpuscule, pendant le court laps
de temps dans lequel s'accomplit son organisation. Si nous admettons qu'il arrive à son
maximum de développement dans l'espace de
24 heures seulement, on trouve qu'en ces 24

heures une quantité d'eau 33,333 fois supérieure
au poids de son corps passe dans une diatomée;
— C'est à peu près comme si un homme d'un
poids de 150 livres introduisait dans son corps,
en un jour, 5 millions de livres d'eau — ou, en
volume, un pied cube par chaque seconde.

VII. Mais peu-à-peu, cet ensemble d'actes si nécessaire pour maintenir l'existence individuelle
et la série des générations d'animaux et de
plantes, en altère la texture organique, jusqu'à
ce que la vie qui l'investissait s'en aille. Chaque
être né est condamné à mourir par un destin iné-
vitable;—triste privilège, dirait celui qui ne réflé-
chirait pas à la nécessité de ce fatal destin dans
l'ordre général de la nature. Les seuls êtres
inorganiques qui ne naissent pas, mais se forment, durent jusqu'à l'infini. Les expressions
de pierre *vive*, de pierre *morte*, quelquefois
employées dans le langage vulgaire, ne sau-
raient être prises pour des équivalents des
mêmes mots appliqués aux êtres organisés. Il
y a certainement des substances minérales qui
subissent au contact de l'air des altérations
profondes : quelques cristaux, par exemple, sont
déliquescents, c'est-à-dire qu'ils attirent l'humidité atmosphérique et s'y dissolvent; — d'autres, au contraire, perdent l'eau qu'ils contiennent et tombent en poussière ou, comme on dit,
deviennent efflorescents.

Voilà parmi les phénomènes des êtres inorganiques, tout ce qu'on peut choisir de plus
comparable en apparence au dernier période
vital des êtres organisés — tout ce qui paraît
de plus analogue à la mort. Mais quelle immense différence entre ces ordres de phénomènes! Que les cristaux soient efflorescents ou
déliquescents ou altérables de toute autre manière au contact de l'air, on peut les conserver
à perpétuité quand ils sont bien protégés contre
ce contact, — tandis qu'il n'existe pas de conditions favorables qui puissent sauver de la fin
prescrite, aussi bien le plus fort que le plus
faibles des êtres vivants.

LETTRE SEIZIEME.

—

I. **Hétérogénéité dans les organismes. — II. La cellule végétale. — III. Structure de ses parois. — IV. Protoplasme et sa circulation — V. Transformation des cellules en fibres et en vaisseaux. — VI. Incessante reproduction des cellules.**

I. L'idée vague que tu possèdes déjà des êtres organisés te les représente comme nécessairement composés de parties hétérogènes, destinées chacune à une fonction particulière.

Dans un animal des classes les plus élevées, parmi lesquelles on a l'habitude de choisir les types les plus vulgaires, — dans un cheval, un chien, un lézard, — tu remarques, par exemple, une bouche, des yeux, des jambes, une queue. Ainsi de même, dans une plante, tu peux considérer séparément une racine, un tronc, des feuilles, des fleurs. Il te resterait seulement à reconnaître cette loi si générale dans

ces êtres très-simples qui, — comme quelques
infusoires, quelques algues, — ne semblent
résulter d'autre chose que d'une paroi, consti-
tuant une vésicule close de tout côté, et d'un
contenu pulpeux. Il faut donc distinguer dans
ces êtres une enveloppe et une matière interne,
et, ainsi que je te l'expliquerai bientôt, cette
enveloppe est formée d'au moins deux couches
différentes, là même où elle paraît de la plus
parfaite homogénéité. Il résulte de cela une
conséquence aussi nécessaire qu'évidente, à
savoir, que les parties séparées d'un être organisé ne peuvent jamais réunir les qualités
du tout. Toi-même, tu comprends, dès ce moment, que le contraire arrive pour les êtres
inorganisés ; et, en effet, si à coups de marteau
on réduit en morceaux un cube de sel commun,
un rhomboèdre de spath. d'Islande, tu ne saurais dire laquelle des propriétés des cristaux
primitifs manque à chaque fragment qu'on en
détache.

A présent, applique-toi à considérer chacune
des parties qu'on distingue d'ordinaire dans un
animal, dans un arbre : dans celui-là, par
exemple, ce sera un œil, une jambe : dans celui-ci une feuille, une fleur, un morceau d'é-
corce. Il te sera facile de voir que chacune de
ces parties est elle-même un tout composé

d'éléments divers, — un organe fait d'autres
organes plus simples. Tu discerneras ainsi
dans la jambe des canaux conduisant le sang,
— ce sont les vaisseaux; des faisceaux de
fibres rouges, — ce sont les muscles; des
cordons mous et délicats, — ce sont les nerfs.
Dans une feuille tu trouves encore d'autres
vaisseaux, d'autres fibres, et un agrégat de
vésicules, dont chacune ne ressemble pas mal à
ces globules verts qui, ainsi que je te l'ai observé, se développent en grande abondance dans
les eaux stagnantes. Nous donnerons doréna-
vant à ces vésicules le nom plus reçu dans
la science — de *cellules*.

L'ordre de mon plan, et mon intention de
t'exposer, à l'aide d'un petit nombre d'exemples, les principales lois qui régissent les corps
vivants, m'obligent à circonscrire à présent mes
considérations au règne des plantes. Ainsi que
je l'ai dit (et comme tu pourrais toi-même le
vérifier avec la plus grande facilité, sur une
petite couche taillée le long d'une branchette,
— par exemple, d'un amandier, d'un châtaignier, d'un roseau, — et, en l'examinant avec
de fortes lentilles, ou mieux avec un microscope composé), trois formes principales d'organes simples constituent l'organisme de la plus
grande partie des plantes les plus vulgaires,

— c'est-à-dire les fibres, les vaisseaux, les cellules. Tu trouverais les fibres conjointement avec les vaisseaux, prédominantes dans les couches intérieures de l'écorce et dans celles externes du tronc ; — les cellules, au contraire, à la périphérie de l'écorce, et dans la partie centrale du tronc et des rameaux. Mais tu sais très-bien que ces plantes naissent d'une graine. Or, si tu examines avec le microscope, au premier moment de la germination, l'une de ces graines, tu chercherais en vain dans le petit germe des traces de vaisseaux ou de fibres : à peine y vois-tu un agrégat de cellules homogènes, dont beaucoup sont destinées à être converties plus tard en fibres et en vaisseaux. Et je passe tout de suite de ce fait à l'énonciation d'une loi plus générale : on doit considérer, non-seulement les plantes, mais encore tous les êtres organisés, comme constitués par des cellules. Les grandes différences de structure interne qui frappent dans le nombre infini de ces êtres, se réduisent :

1° Aux différentes transformations des cellules — ces molécules originaires organiques;

2° Au nombre varié ainsi qu'à la disposition variée de semblables molécules liées ensemble de manière à former un individu.

L'organisme d'un saule, d'un chêne, est

constitué par un énorme agrégat de cellules,
— les unes transformées en vaisseaux et
en fibres, — les autres conservant encore
une forme arrondie, très-voisine de la forme
originaire. Les mousses et les lichens sont,
au contraire, composés par des agrégats
de cellules, dont quelques-unes sont à peine
plus allongées que les autres, sans cependant
se transformer jamais en fibres et en vaisseaux.
La pluralité de ces petites plantes aquatiques,
comprises sous le nom collectif d'*Algues*, résulte encore de cellules à peu près homogènes,
disposées en série l'une derrière l'autre, et en
si petit nombre, que dans quelques espèces
tout l'organisme se réduit même à une cellule
unique.

II. Notre esprit se perd dans la variété des
plantes qui couvrent la terre et peuplent les
eaux ; mais, si nous voulons le dégager d'un
labyrinthe si inextricable, où, — depuis le cèdre
élevé du Liban jusqu'à l'humble lichen, tout
est admirable et digne d'attention, — pour
l'appliquer seulement à l'examen des lois
suprêmes, qui règlent la vie des plantes, ce
sera précisément la vie de la cellule végétale
qui devra former l'objet de notre étude.

Chaque cellule est par elle-même un organisme vivant, qui tire son origine d'un progé-

niteur,— lequel est une autre cellule, — doué
de croissance et de développement, qui engendre et qui meurt.

La vie des êtres de strcture compliquée, —
comme la plupart des animaux et des plantes,
— est le résultat collectif de la vie de chaque
être élémentaire dont résulte leur organisme.

Je sens toute la difficulté de te faire comprendre les actes et les opérations qui s'accom-
plissent à l'intérieur de ces êtres si petits, qu'ils
échappent à l'observation commune, et qui ne
deviennent clairement discernables dans toutes
leurs parties qu'en armant notre œil d'un puissant microscope, et notre esprit d'une patience
attentive. Cependant une application soutenue
de ta part parviendra à vaincre toutes ces difficultés : je l'invoque donc ; — car le sujet que
je traite maintenant est en vérité d'une si haute
importance qu'il mérite bien cet effort de ta
jeune intelligence.

Je te représente une cellule comme un petit
lac à peu près sphérique et parfaitement fermé,
où il faut distinguer la paroi et le contenu. Si
l'on veut choisir pour exemple une cellule déjà
formée, mais encore jeune, il faudra séparer
mécaniquement et disposer sur le porte-objet
du microscope quelques-unes de celles réunies
dans les parties encore vertes et très-tendres

de plusieurs plantes communes de nos jardins :
on pourrait de cette manière en avoir plusieurs
et les isoler sous son regard.

III. Le champ de nos observations ainsi réduit, examinons, avant tout, la très-fine paroi de
ces cellules. Elle est en tout homogène, c'est-à-
dire que, augmentant autant que tu le voudras
le pouvoir grossissant du microscope, il ne sera
jamais possible d'y distinguer de nouveau
d'autres parcelles composantes plus menues :
— partant, il ne reste donc plus qu'à connaître
sa nature chimique. A cet effet nous pouvons
prendre pour sujet de notre examen certains
tissus végétaux constitués de telle sorte que
les cellules y aient presque entièrement perdu
leur contenu, et dont il ne reste plus que la
paroi ; ou bien encore d'autres tissus où les cellules, transformées en fibres, renferment une
matière à peu près identique à celle de leur paroi : — pour un exemple du premier cas,
prenons une fine couche de moelle de su-
reau ; — pour le second, les fibres du lin, du
coton, du chanvre. La substance particulière
qui forme la paroi de ces cellules a été appelée
cellulose. Elle n'est ni acide ni alcaline, par
conséquent elle est insipide, incolore, insoluble
dans l'eau, dans l'esprit de vin, dans les huiles;
et, — ce qui la distingue surtout, — elle n'est

pas attaquée par les alcalis. Voilà la raison pour laquelle les toiles de lin et de coton résistent à l'action répétée à laquelle on les assujettit dans l'opération du lessivage; — la lessive, ainsi que je te l'ai déjà expliqué, doit sa force à la potasse qu'elle contient. Les chimistes on décomposé la cellulose dans ses éléments, et ils ont trouvé qu'elle résulte de carbone, hydrogène et oxygène, ces deux derniers dans les proportions précises où ils sont unis dans l'eau. L'action d'une haute température décompose cette substance, en donnant origine à de la vapeur aqueuse et à divers produits gazeux, selon que cette décomposition s'effectue dans un vase fermé, ou bien au libre contact de l'oxygène. Dans ce dernier cas, la combustion de la cellulose peut être complète, et les produits qui en résultent sont de l'eau et de l'acide carbonique.

Maintenant revenons à nos cellules.

Leur paroi cellulaire est tout à l'intérieur revêtue d'une légère pellicule qu'on peut détacher et isoler comme un second sac libre dans le premier, en faisant agir sur ces cellules de l'esprit-de-vin, ou quelque acide minéral allongé d'eau. L'extrême finesse de cette membrane ou de ce revêtement intérieur n'empêche pas d'en examiner la nature chimique, et il résulte de cet examen que sa substance

est bien différente de celle de la paroi externe
de la cellule ; car elle renferme , outre les trois
éléments déjà mentionnés, de l'azote , — qui
la rapproche beaucoup des substances organiques qui forment les tissus des animaux.

Or, il faut que tu saches que cette pellicule
intérieure ne se rencontre pas toujours à chaque époque de la vie de la cellule végétale et
qu'elle est d'autant plus facilement reconnaissable que la cellule est plus jeune ; — il y a
donc lieu de croire que dans la formation de la
cellule végétale , elle précède la membrane
externe ; d'où le nom qui lui fut donné d'*utricule primordiale*. Dans les vieilles cellules, il
ne reste plus de trace de cette utricule , qui a
cédé la place à d'autres matières de même nature ou de nature très-analogue à celle de la
cellulose.

IV. Dans l'intérieur de la jeune cellule on
trouve fréquemment un corpuscule , un noyau
— quelquefois grand au point de l'occuper
presque tout entière ; — le reste de cet espace
est plein d'une substance fluide , dense , gra-
nuleuse, qui par sa nature chimique est très-
analogue à celle de la matière organique qua-
ternaire azotée qu'on peut considérer comme
génératrice de tous les tissus des animaux , et
qui, parce qu'elle prévaut dans le blanc de

l'œuf, — a pris le nom d'*Albumine* (1). Cette substance, appelée protoplasme ou pulpe primitive, est celle avec laquelle se trouve toujours unie en mélange intime la matière verte des plantes, — la *chlorophylle*. Le protoplasme aussi, — dont la formation est entièrement due à l'activité intime et merveilleuse de la cellule végétale, — partage le sort de l'utricule primordiale; il est conséquemment transitoire, et va peu à peu en diminuant à mesure que la cellule elle-même vieillit. Dans l'économie de la nature il est destiné à de grands et importants offices, non-seulement pour le développement ultérieur de la plante, mais aussi pour la nutrition des animaux, car il constitue essentiellement la partie nutritive, — même la seule partie assimilable — de la pâture des animaux herbivores, d'où il passe dans l'organisme des carnivores. On peut dire, avec toute rigueur de phrase, que notre chair même, notre sang, ont d'abord existé sous forme de protoplasme dans les cellules des plantes.

Dans le développement ultérieur de ces cellules, il arrive d'importants changements. D'abord paraissent dans le protoplasme des vides et des lacunes irrégulières où se concentre un

(1) Du mot latin *albumen*, qui signifie blanc d'œuf.

nouveau liquide, transparent, incolore, tenant dissoute une matière très-analogue au sucre : — le protoplasme est alors décomposé en filaments très-fins dans le vide de la cellule. A partir de ce moment, un phénomène singulier et mystérieux se révèle : c'est une circulation interne du protoplasme, d'autant plus manifeste qu'il est plus subdivisé par les nouvelles lacunes. Du noyau part un faible courant qui suit un filament, revient par un autre, et ainsi de suite. Ce phénomène est généralement passager, — parce que dans le progrès de la vie de la cellule, le noyau et le protoplasme disparaissent, — mais quelquefois il se maintient encore dans les cellules adultes comme dans celles des poils brûlants des urticées.

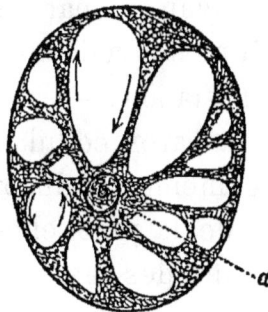

Fig. 18.

Voici dans la figure 18 représentée une jeune cellule dans cet état :

Tu y remarques un noyau A ,

Les vacuités qui rendent visible la circulation indiquée par les petites flèches,

Le protoplasme qui court le long de la paroi de la cellule, dont il traverse en filaments les vacuités et enveloppe le noyau.

V. Les cellules sont arrondies, — presque sphériques, — lorsqu'elles sont jeunes, mais, abstraction faite de celles qui restent dans la moelle, celles qui maintiennent longtemps cette forme sont relativement en petit nombre. Quelques-unes, comme celles des feuilles, cessent bientôt d'exister ; les autres se transforment en fibres et en vaisseaux : et cette transformation est accompagnée d'une métamorphose très-importante du contenu. L'utricule pri· mordiale et le noyau disparaissent les premiers, tandis qu'une nouvelle matière, — semblable à une incrustation, — se dépose sur la face interne de la paroi cellulaire. Cette matière diffère peu et même pas du tout, quant à sa nature chimique, de la paroi elle-même. Dans le plus grand nombre des cas, néanmoins, cette membrane interne, cette incrustation, ne s'étend pas uniformément sur toute la surface intérieure de la cellule, mais elle en laisse différentes parties à nu : tantôt, en effet, cette nouvelle enveloppe est percée comme un crible, tantôt plus largement trouée, quelquefois disposée en anneaux, d'autres fois en bande spirale; — de là plusieurs sortes de fibres et de vaisseaux.

Dans leur transformation en fibres, les cellules s'allongent beaucoup, en demeurant unies en séries les unes avec les autres par leur extrémité amincie. La substance qui se dépose à leur intérieur en grossit les parois, et finit par en obstruer presque entièrement la cavité; c'est elle qui, à proprement parler, constitue le bois. Tu n'ignores pas que les menuisiers distinguent dans le bois qu'ils emploient le plus communément, dans le noyer, par exemple, un bois blanc et un bois foncé. Le premier, dont les fibres encore jeunes conservent une dose résidue de protoplasme, est impropre à de bons et durables travaux, parce qu'il ressent les effets des changements météoriques, et qu'il est attaqué par une quantité de petits insectes qui le percent, car ils trouvent dans le protoplasme un aliment qui leur convient. Le second est d'autant plus à l'abri de ces inconvénients qu'il est plus vieux.

Il y a aussi dans les tiges des plantes et surtout dans la partie corticale, d'autres fibres

fines, pliables, unies ensemble d'une façon si
lâche, qu'on peut les séparer par un procédé
facile; et qui, au lieu de contenir dans leur intérieur la matière du bois, ont la paroi grossie
par de la nouvelle cellulose. Ce sont les fibres
textiles du lin, du chanvre, dont diffèrent peu
de celles coton, malgré la grande différence
de leur place originaire, — ces dernières se
trouvant sous formes de flocons à la périphérie des graines.

Par une métamorphose analogue, les cellules
forment les vaisseaux; alors, — non-seulement
elles s'allongent et se disposent l'une derrière
l'autre en séries linéaires, — mais, par la dis-
parition successive des parois de contact, toutes
celles d'une série communiquent librement
entre elles, et ainsi la série elle-même se trouve
transformée en un petit tube par lequel peuvent continuellement et librement circuler les
liquides et les fluides aériformes. Quelques-uns
de ces vaisseaux sont d'un calibre tel qu'on
peut facilement y introduire une soie, et même,
en appliquant l'œil à un bout, apercevoir le jour
à l'autre, comme par le tube d'une lorguette. Je
te présente dans le dessin, fig. 19, un exemple.

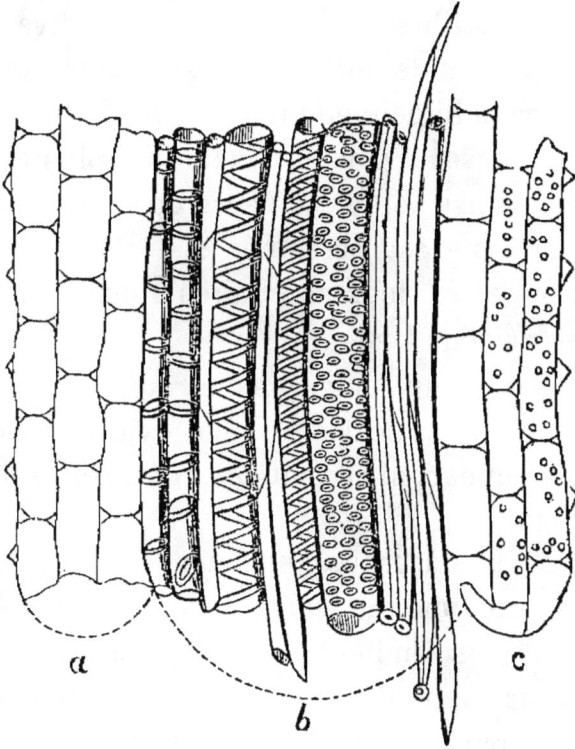

Fig. 19.

.suffisamment clair de ces trois éléments organiques des plantes, ou, si tu veux, de ces trois
formes d'un élément unique — la cellule. Il
représente une tranche très-mince, taillée le
long de la tige d'un roseau commun et examinée avec le microscope. Tu peux facilement
reconnaître :

En A, un agrégat de cellules peu altérées qui touchent à la moelle;

En B, des fibres et des vaisseaux de diverses sortes suivant le mode de distribution de la substance additionnelle intérieure, — c'est-à-dire un vaisseau ponctué (celui du plus gros calibre), ainsi nommé à cause des trous dont la membrane est parsemée : — deux vaisseaux spiraux, deux annulaires ainsi nommés par des raisons évidentes;

En C, enfin, tu remarques les autres cellules des couches corticales les plus externes, dont quelques-unes contiennent des granules de matière verte.

Outre ces vaisseaux qui s'étendent en lignes droites, continues, des racines à la dernière extrémité des feuilles, au milieu des faisceaux des fibres ligneuses, les plantes possèdent, dans leur partie corticale, un système de vaisseaux propres ramifiés, et réunis, par leurs ramifications de manière à former un réseau, dont les parois très-fines, d'aspect homogène, ne présentent jamais ni rides, ni anneaux, ni spirales. Ces vaisseaux, qui, par la nature particulière de l'humeur qui les parcourt, sont appelés *vaisseaux propres* ou bien encore *laticifères* (parce qu'ils contiennent le latex ou suc propre), sont constitués par de nombreuses cellules diversement allongées et confluentes.

VI. Le développement, l'accroissement des plantes, consiste donc dans une incessante filiation des cellules, chacune ayant un rôle déterminé, conforme à la nature de sa cellule maternelle immédiate. La fécondité de ces organismes élémentaires arrive quelquefois à dépasser toute imagination Tu sais, par exemple, combien est rapide la crue des champignons, et combien aussi, par compensation, est courte leur carrière vitale. Or, d'après un calcul approximatif, une espèce de champignon, le *lycoperdon gigantesque*, ne produit — dans le court espace d'une minute — pas moins de 20,000 nouvelles cellules.

Contente toi, ma chère fille, de connaître ce grand fait, sans rechercher davantage par quelles causes, par quelles forces, par quelles lois il s'acccomplit : sans affronter les plus délicates, les plus difficiles questions réservées encore à de longues et sévères études, et qui s'élèvent degré par degré jusqu'à des vérités inaccessibles aux investigations, aux recherches humaines. Laisse, au contraire, ton esprit, — dominé par le peu que tu as pu saisir des lois de la nature organique, et par une idée confuse que tu t'es formée de ces mêmes mystères devant lesquels tu dois t'arrêter, —

se répandre en admiration envers *celui* qui est
le centre de toute force, la source de toute lumière.

LETTRE DIX-SEPTIEME.

I. **Cellules du parenchyme; substances qui s'y trouvent contenues. — II. Fécule. — III. Sucre. — IV. Lymphe ascendante (sève ascendante ou brute). — V. Lymphe descendante (sève descendante ou élaborée). — VI. Fonctions des feuilles.**

I. Outre les cellules transformées en fibres et en vaisseaux, il en est d'autres qui s'accumulent dans l'organisme des plantes et qui conservent toujours une forme arrondie très-voisine de la forme primitive, ou — à cause de leur compression réciproque, — en prennent une polyédrique, ou bien enfin, — par une altération très-différente de celle que je t'ai décrite, — imitent parfois diverses formes d'étoiles, s'assemblant les unes avec les autres par les rameaux ou par les rayons.

Les agrégats de cellules dans chacune de

ces conditions constituent ce qu'on a coutume
d'appeler un *parenchyme*. La moelle des
plantes ; leur pellicule externe, qui dans une
espèce de chêne s'épaissit énormément et produit le liége ; la substance des feuilles, — abstraction faite des vaisseaux et des fibres qui la
traversent, — et spécialement les fruits charnus et les racines tubéreuses, sont autant d'a-
grégats de cette sorte.

Plusieurs substances peuvent former le contenu de ces cellules. Dans les parties qui res-
sentent le plus l'action bienfaisante des rayons
solaires, se développe — en mélange intime
avec une portion permanente de protoplasme,
— cette matière verte caractéristique des plantes, qui, je te l'ai déjà dit, prend le nom de
chlorophylle. Les lacunes qui peu-à-peu se
forment dans le protoplasme, et, — ainsi que
je te l'ai observé, le séparent en minces filaments, — se remplissent d'un fluide transparent ; et celui-ci, par le progrès du temps, non-
seulement augmente jusqu'à occuper, — au
détriment du protoplasme lui-même, — toute
la cellule, mais encore se modifie dans sa nature, et donne lieu à la formation de corpuscules solides, tantôt sous forme de granules,
tantôt sous celle de cristaux.

Les substances que, le protoplasme disparu,

on peut rencontrer dissoutes dans l'humeur des cellules sont :

1° Une substance particulière appelée *dextrine*, analogue à l'empois qu'on obtient par une décoction d'amidon ;

2° Le sucre ;

3° Certaines gommes ;

4° Certains acides organiques, comme l'acide citrique du jus de citron, l'acide malique des pommes, l'acide tartrique du raisin. — Ces acides sont rarement libres ; ils se trouvent le plus souvent combinés avec des bases minérales absorbées par le terrain. Quelquefois ces combinaisons d'acides et de bases, au lieu d'être dissoutes dans le liquide de la cellule, sont solides et en très-beaux cristaux, comme tu pourrais t'en convaincre en examinant au microscope les cellules du parenchyme de certaines plantes grasses épineuses, communément élevées dans nos jardins sous le nom générique de *cactus ;*

5° Certaines matières inflammables, comme par exemple les huiles, sont encore contenues en gouttes distinctes et visibles au milieu du fluide des cellules, ou même les remplissent tout-à-fait. — Quelques-unes des ces huiles sont grasses, comme l'huile d'olive ; d'autres sont, au contraire, des huiles éthérées ou *essences ;*

et c'est dans celles-ci que réside la qualité odo-
riférante des feuilles, des fleurs, des écorces.

II. Parmi toutes ces matières renfermées
dans les cellules du parenchyme, une substance
très-vulgaire mérite un intérêt spécial — c'est
l'*amidon*, ou la *fécule;* elle prédomine dans
quelques parties de diverses plantes, comme
dans la pomme de terre, dans la graine des
céréales, dans la palme du sagouier (1). D'après
l'usage divers et presque journalier que tu en
fais dans le détail des affaires domestiques, tu
en connais les principales propriétés. Cette
poussière impalpable, blanche, qu'on appelle
amidon, s'obtient par la simple lacération des
petites membranes cellulaires, dans lesquelles
il est naturellement contenu. Une petite couche

(1) Le sagouier ou sagoutier est un genre de la famille
des palmiers. Il croît dans les lieux maritimes de l'Asie,
de l'Afrique et de l'Amérique intertropicales. Trois espèces de ce genre sont connues pour leur utilité ; ce sont:
— 1° Le sagouier de Rumphius ; on le trouve dans
l'archipel de la Malaisie. — 2° Le sagouier Raphia ou
Roufia ; il croît dans les royaumes d'Oware et de Be-
nin en Afrique. — 3° Le sagouier pédonculé ; cette espèce, qui appartient à Madagascar, a été transportée à
l'île de France, à Bourbon et à Cayenne.

Dans les contrées intertropicales, on utilise cet arbre
précieux de plusieurs manières. — En Europe, on emploie surtout sa fécule, connue dans le commerce sous
le nom de *sagou.*

très-mince de pomme de terre vue au microscope, te la montrerait en effet à la place naturelle, et sous la forme de granules disséminés
dans le contenu fluide des cellules. La proportion de ces granules va toujours en augmentant par le procédé de maturation des tuber-
cules de la pomme de terre et de la graine des
céréales ; — et cela t'explique la raison pour laquelle les pommes de terre printanières sont
beaucoup moins farineuses que celles d'automne.

Les granules solides insolubles de la fécule
s'accumulent ainsi dans les parties de la plante,
qui doivent au printemps suivant devenir le
siège d'un procédé actif de végétation, et fournir des matériaux pour la formation des parties
nouvelles. Afin que cela puisse arriver, et que
la matière dont sont formés les granules de la
fécule soit entraînée dans la circulation, il est
nécessaire que ces granules soient dissous. En
effet, aux premiers zéphirs du printemps, il se
développe dans les parenchymes amilacés une
substance particulière, azotée comme le protoplasme dont elle est une pure modification, et
qui jouit du pouvoir de convertir la fécule insoluble en dextrine dissoute. Pour te faire
mieux comprendre cette transformation, je
pourrai me servir d'une expérience simple et
facile :

La substance particulière dont je t'ai parlé plus haut peut être extraite de l'orge germé dont se servent les fabricants de bière pour faire ce qu'ils appellent le *malt ;* et elle a pris le nom de *diastase.* Elle se présente sous la forme d'une substance blanche, amorphe, et possède cette faculté, qu'en en faisant bouillir dans une quantité d'eau suffisante une seule partie avec 2,000 de fécule, celle-ci se dissout entièrement, et, par l'évaporation du liquide, on obtient pour résidu une matière analogue, pour l'aspect, à la gomme arabique, susceptible des mêmes usages dans quelques arts ; et cette matière est précisément la dextrine. La dextrine et la fécule sont donc une seule et même chose en deux états différents : nous pouvons convertir celleci en celle-là ; — toutefois nous ne saurions avec la dextrine recomposer la fécule. Ce pouvoir est réservé à ces organismes si simples et si admirables que nous appelons cellules végétales

III. Je t'ai déjà dit, et tu le connais bien par expérience, que dans quelques parenchymes végétaux se trouvent contenues des substances sucrées. Or, il faut que tu saches maintenant qu'on distingue aussi dans les arts deux sortes de sucres :

L'un que l'on peut obtenir de son sirop sous

forme de très-beaux cristaux ; — c'est le sucre proprement dit, le sucre type, qui provient de la liqueur mielleuse de la cannamelle ou canne à sucre *(saccharum officinarium)* et de la racine de la betterave ;

L'autre qui ne cristallise pas, abonde particulièrement dans les fruits charnus, et surtout dans le raisin ; — on le nomme sucre de raisin ou *glucose*.

Entre ces deux sortes de sucres existent les mêmes rapports qu'entre la fécule et la dextrine ; — le sucre de la canne se transforme avec une grande facilité en glucose, mais jusqu'ici les chimistes ne sont pas encore parvenus à convertir, d'une manière inverse, la glucose en sucre de canne, — bien qu'ils y eussent été fortement stimulés par la magnifique récompense d'un million, qu'avait promis pour un tel résultat l'empereur Napoléon, à l'époque du blocus continental.

Je ne dois pas passer sous silence une propriété singulière et caractéristique de la glucose, — celle de subir la fermentation alcoolique, — lorsque à sa solution aqueuse on ajoute une petite quantité de diastase ou d'une autre substance analogue. En pareil cas, la glucose — sans rien prendre de cette substance, ni de l'eau ni de l'air, — se décompose

en esprit-de-vin et en acide carbonique. Tu
vois un exemple de ce procédé dans la fabrication du vin. Le moût, ou suc exprimé du raisin,
est une solution concentrée de glucose, avec laquelle il se trouve naturellement une certaine
quantité de protoplasme agissant comme la
diastase. Après un séjour assez court dans les
cuves, la masse commence à se réchauffer et
à bruire, ou, comme on dit communément, à
bouillir, en développant une immense quantité
d'acide carbonique, tant que le moût n'est pas
complètement réduit en vin. On peut ensuite,
par la distillation, extraire du vin son esprit,
c'est-à-dire l'alcool. Il est possible d'obtenir le
même procédé de fermentation dans la glucose,
— quelle que soit la façon dont elle ait été ob-
tenue, et quand même elle proviendrait de la
transformation du bois ou de la fécule; — tu
sais, en effet, que dans les pays où le climat ne
permet pas la culture de la vigne, on extrait
l'esprit-de-vin du grain des céréales, ou des
pommes de terre.

La cellulose, le bois, la fécule, la dextrine, le
sucre et la glucose, ont entre eux les rapports
les plus étroits : ils sont tous formés de carbone, combiné avec de l'hydrogène et de l'oxygène autant qu'il en faut pour produire de l'eau;
aussi peut-on, avec la plus grande facilité, ré-

duire toutes ces substances à l'état de glucose. C'est un fait surprenant, mais vrai néanmoins, que tu pourrais transformer ton mouchoir en un poids égal de sucre de raisin, et puis ensuite le réduire en esprit-de-vin.

IV. Mais revenons à cette admirable officine qui est l'organisme vivant de la plante.

Sa crue et son développement, — ce qui est autant dire la formation et les transformations de ces matériaux que dans cette lettre et la précédente je t'ai fait connaître, — ne pourraient avoir lieu sans que la plante ne reçoive de l'extérieur les principes nécessaires et ne devienne le siège, en chacune de ses parties, d'un mouvement actif de circulation.

Pour arriver droit à mon but, je choisis pour exemple un châtaignier, un saule, un mûrier, un arbre quelconque de nos espèces communes, et je le prends au moment où sa vie commence, au printemps. — A peine les feuilles commencent-elles à pousser, que les troncs et les branches, arides et presque morts durant les rigueurs de l'hiver, se remplissent peu-à-peu d'humeurs, et bientôt en regorgent au point d'en distiller quelquefois pas les entailles qu'on leur fait. On peut alors séparer avec la plus grande facilité l'écorce de l'axe ligneux de la plante, grâce à une sorte de gélatine particu-

lière nommée *Cambium* qui s'infiltre entre
ces deux parties. Tout atteste qu'un mouvement insolite vient d'être réveillé dans les
sèves pour alimenter les parties nouvelles qui
atteindront avec rapidité leur plus grand développement. Les racines agissent comme des
éponges et absorbent l'eau du terrain, et ce
fluide pénètre non-seulement dans les vaisseaux de la plante, mais encore parmi les cellules, passant de l'une à l'autre, dissolvant les
matériaux qui s'y tiennent préparés depuis l'année précédente. Les causes qui produisent l'as-
cension de ces humeurs sont de différentes
sortes; mais on doit reconnaître la principale
dans la germination des bourgeons. Chacun
d'eux s'allonge en de nouveaux petits rameaux
portant des feuilles, puis des fleurs, puis des
fruits, et, sur la fin de l'été, de nouveaux bourgeons ou petits rameaux embryonnaires pour
l'année suivante. Les humeurs, qui tendent
déjà, par des lois physiques, à pénétrer dans
les petits tubes des vaisseaux et à passer de
cellule en cellule, sont aussi appelées à monter
activement vers les parties les plus élevées de
la plante où elles parviennent chargées des
principes qu'elles emportent dans leur passage,
et de ceux qu'elles ont dissouts dans le terrain.
Les feuilles tirent de ces humeurs une partie de

leur nourriture; elles en prennent une autre partie à l'air : — et même en tenant compte de ces seules parties de la plante, — quelle immense quantité de matière organique n'est pas ainsi reproduite chaque année !

V. L'humeur ou la lymphe (1) destinée aux feuilles y parvient par la partie médullaire de la plante, et, des feuilles, redescend par la partie corticale : — mais, après son passage à travers des organes d'une si grande activité vitale que le sont les feuilles, — la lymphe est profondément modifiée dans sa nature, et prend dans les diverses plantes des qualités différentes.

Tu connais sans doute plusieurs petites plantes de notre pays qui distillent des incisions qu'on leur pratique, une humeur dense, laiteuse, âcre et nauséabonde, — qui est blanche dans quelques-unes, comme dans le figuier, dans le pavot, dans l'euphorbe, — jaune dans la chélidoine qui croît dans les espaces laissés incultes le long des murs des jardins. Plusieurs plantes exotiques distillent en abondance de semblables humeurs des entailles pratiquées sur leur écorce, — et ces humeurs contiennent parfois des principes par-

(1) Sève ascendante ou brute.

ticuliers qui les rendent de puissants poisons
ou d'excellents matériaux pour les arts; —
tantôt, au contraire, abondent en matière su-
crée, ou en fécule, et deviennent non-seulement d'innocentes substances, mais sont encore de précieux dons de la nature comme aliments. L'opium n'est rien autre qu'un suc de
cette sorte qu'on fait suinter des pavots par des
incisions artificielles, et qui se condense au
contact de l'air. Ces terribles poisons dans lesquels les sauvages trempent la pointe de leurs
lances et de leurs flèches sont également le suc
de l'écorce de diverses plantes analogues à nos
euphorbes. Une matière très-vulgaire, appli-
quée à des usages si nombreux et si variés
dans les arts, — la gomme élastique, — n'a
pas d'autre mode d'origine : c'était autrefois
un produit exclusif de l'Amérique méridionale,
et que maintenant on obtient également et en
abondance, de différentes plantes de l'Asie et
de l'Afrique.

Les habitants des Canaries extraient de l'é-
corce de leur *Tabaiba doux* un lait qui s'épaissit par l'action de l'air, et forme une gélatine
agréable et nourrissante. Une petite plante
très répandue dans l'Amérique méridionale
présente dans le suc copieux de sa racine l'é-
trange association d'un puissant poison et

et d'une substance nutritive : — c'est le *manioc* (1). Le suc recueilli de la racine, très-riche en fécule, sert aux sauvages habitants des forêts vierges de la Guyanne pour empoisonner leurs armes; mais le principe vénéneux est si volatil, qu'à une faible chaleur il se dissipe en peu de temps et laisse un résidu abondant de très-fine fécule qu'on recueille et dont on se sert pour confectionner des pains, ou qu'on sèche au four sur des lames de fer, pour en obtenir sous une autre forme, la même matière, envoyée en Europe, et consommée comme un mets agréable et nutritif sous le nom de *tapioca* (2).

(1) Le nom scientifique du manioc est *Manihot*, nom générique adopté par M. Endlicher et le *Dictionnaire universel d'Histoire Naturelle*. Le genre Manihot appartient à la famille des Euphorbiacées, et se compose d'arbres et d'arbrisseaux à suc laiteux. L'espèce dont il est ici question est une plante alimentaire très-répandue en Amérique; — c'est le Manihot comestible *(Manihot utilissima*, Pohl; — *Janipha Manihot*, Kunth; — *Jatropha Manihot*, Linné). Il est connu sous les noms vulgaires de Manioc, Magnioc, Manioque. C'est un sous-arbrisseau de l'Amérique méridionale, cultivé dans toutes les parties chaudes du Nouveau-Monde. La fécule de manihot est très-nourrissante; un demi-kilogramme suffit à un homme pour un jour.

(2) Ou Sagou blanc. Le Tapioca est souvent employé en médecine, à cause de la grande facilité avec laquelle on le digère.

Ces humeurs si diverses n'ont pas entre elles
d'autre analogie que dans l'aspect laiteux avec
lequel elles s'écoulent dans la partie de la
plante, et dans les vaisseaux où elles sont contenues et où elles circulent, et que j'ai décrits
vers la fin de la lettre précédente sous le nom
de vaisseaux propres ou laticifères. Si l'on considère dans son ensemble la circulation des
sèves des plantes il faudra faire attention à la
différence qui existe entre la lymphe ascendante et la lymphe descendante (1), ainsi qu'à
la diversité de système des petits canaux distributeurs de l'une et de l'autre. On serait tenté
de comparer la circulation qui porte la sève des
racines aux feuilles, dans les végétaux, à celle
qui dans les animaux conduit, par les artères,
le sang du cœur à la périphérie du corps ; — et
l'autre, au contraire, par laquelle la sève redescend des feuilles, par les vaisseaux laticifères, à celle qui dans les animaux reporte au
cœur, par le moyen des veines, le sang qui a
circulé dans les divers organes du corps. Mais
il n'est pas possible d'insister sur cette comparaison quand on réfléchit à la différence qu'il y
a entre la lymphe élaborée ou le *latex* et la

---

(1) Sève descendante ou élaborée.

lymphe ascendante dans les plantes (1); — différence qu'n'a aucun rapport avec celle beaucoup moindre qu'on peut observer dans les animaux entre le sang veineux et le sang artériel.

VI. Je t'ai, tout-à-l'heure, nommé incidemment le *cambium*. Je dois t'apprendre maintenant que c'est un suc nourricier très-important, qui se rassemble autour de la tige ligneuse de la plante immédiatement sous le réseau des vaisseaux laticifères de l'écorce. Tu sais également qu'en automne le cambium disparaît; qu'est-il donc devenu? A sa place se sont formés de nouvelles fibres et de nouveaux vaisseaux qui ont grossi le tronc et les rameaux de la plante, en s'y joignant, — les uns à la couche fibreuse interne de l'écorce, — les autres, en plus grand nombre, à l'extérieur de la tige ligneuse; — mais il reste entre un système et l'autre une couche légère de cellules que doit occuper le nouveau cambium au printemps suivant. — La lymphe élaborée a donc une grande importance parce qu'elle char-

(1) Dans les Canaries il existe une espèce d'euphorbe arborescente, de l'écorce de laquelle suinte un suc laiteux extrêmement vénéneux; tandis que la lymphe qui monte le long de la partie interne ligneuse de la plante sert aux habitants de boisson agréable et tout-à-fait inoffensive.

rie avec elle et dépose les matériaux de formation pour de nouvelles cellules destinées à l'accroissement de la plante. A l'endroit où le pédoncule des feuilles s'attache au rameau, —
tu vois se former en été et atteindre son plus
grand développement en automne — un bouton, ou pour mieux parler un *bourgeon*, — destiné à se développer au printemps prochain et
à former un nouveau rameau. Or, le bourgeon —
qu'il faut considérer comme une vraie petite
plante embryonnaire — tire encore ses matériaux
de formation de la lymphe élaborée dans la
feuille; — et l'endroit où il se développe est
précisément celui où se réunissent les vaisseaux laticifères qui redescendent des feuilles.

D'après ces simples notions, tu peux comprendre l'importance fonctionnelle des feuilles;
et tu vois :

1º De quelle manière les nouveaux matériaux que la lymphe y a pris, sont dus à l'activité de ces organes très-importants;

2º Que les principes élémentaires qui forment ces matériaux proviennent, en petite partie seulement, des sèves ascendantes, en très-
grande partie, au contraire, de ce grand réservoir de vie qui est l'air atmosphérique.

Afin de rendre l'absorption plus facile et plus
active, la nature a pourvu les feuilles de petites

bouches béantes que les botanistes appellent *stomates* (1); — elles sont distribuées sur la partie la moins verte et la moins luisante, qui est l'inférieure dans la position ordinaire des feuilles, dans nos plantes terrestres communes; — mais, dans les autres plantes qui étendent leurs feuilles et les laissent flotter sur l'eau, les stomates s'ouvrent à la partie supérieure, ce qui explique encore mieux leur office qui est d'absorber directement l'air atmosphérique.

J'ai déjà eu l'occasion de te signaler dans les lettres précédentes, l'influence qu'exercent les plantes sur la composition de l'air; et de quelle manière tout le carbone—qui est le principe dominant de leurs tissus —vient de l'acide carbonique atmosphérique qui dans l'organisme intime de la plante est décomposé dans ses éléments, dont l'un, l'oxygène, est restitué à l'air, et dont l'autre, le carbone, est fixé dans la plante elle-même. Cette action chimique que la science humaine n'a pu produire jusqu'ici, est due à une force propre de la cellule, et surtout de celles qui constituent le parenchyme des feuilles. Elle ne s'accomplit toutefois que par l'influence des rayons solaires, aussi est-elle suspendue pendant la nuit : — de sorte

(1) Du grec *stoma,* bouche.

qu'il y a là une compensation en raison de laquelle une forte partie de l'acide carbonique
absobé pendant le jour, est de nouveau ren-
voyée à l'air. Si tu considères cependant l'ensemble général de la végétation terrestre et les
vicissitudes du jour et des saisons dans les différentes parties de notre globe, tu comprendras la raison pour laquelle la quantité d'acide
carbonique que les plantes absorbent pendant
les heures diverses, prévaut toujours sur celle
qui est restituée à l'air pendant le nuit.

Par ce procédé, — improprement appelé la
respiration des plantes, — non-seulement celles-
ci tirent de l'air le carbone dont elles ont besoin, mais encore la plus grande partie des
autres éléments, — l'hydrogène, l'oxygène et cet
azote destiné à former un des éléments de
l'utricule primordiale et du protoplasme. La
vapeur aqueuse, l'acide carbonique et l'ammoniaque, — ces produits dans lesquels se résout sans cesse à la libre action de l'air, la matière organique abandonnée par la vie, — se
répandent dans l'air et n'y restent pas inutile-
ment accumulés. Ils sont, en effet, repris par
la force assimilatrice des feuilles, et, rentrant,
dans le cercle de la vie, ils alimentent de nouvelles générations qui succèdent aux générations trépassées.

Un grand poëte italien (1) a chanté la *pieuse folie* de l'homme qui pour payer le dernier tribut à ceux qui lui sont chers, sème d'amaranthes et de violettes leurs tombeaux vénérés et les entoure de l'ombre douce et hospitalière du saule et du cyprès. Ne dirais-tu pas que la voix ardente et empressée du cœur ait précédé les découvertes tardives de la science? De la dépouille mortelle de l'homme, c'est, en effet, la moindre partie qui reste à la terre. Tandis que l'esprit repose au sein de Dieu, la chair qui lui servit d'enveloppe se répand lentement dans l'air, et fournit sa part à ce mélange impur de la matière qui attend une organisation nouvelle. Ne te sens-tu pas fortifiée et consolée par cette pensée, que les fleurs cultivées autour des tombeaux des êtres que nous avons aimés, peuvent reprendre au vent inexorable une partie des légères effluves dans lesquelles se dissolvent leurs chères dépouilles?

(1) Foscolo dans son poëme « *I Sepolcri*. »

LETTRE DIX-HUITIEME.

I. La fleur. — II. Le fruit. — III. Les bourgeons. — IV. Les fleurs simples et les fleurs doubles. — V. La graine. — VI. Les spores. — VI. Les trois classes des plantes.

1. Le souffle vivificateur du printemps a réveillé la campagne de la longue torpeur de l'hiver : les parterres et les gazons de ton jardin, — objets de tes plus charmantes sollicitudes, — sont pleins de vie : ici tu admires les boutons, là tu cueilles les fleurs épanouies depuis peu ; tu en pares le sein de tes jeunes amies, et tu mets tous tes soins à en former un bouquet, — tribut quotidien que tu te plais à offrir à ta mère bien aimée. Le temps inexorable te mesure un plaisir si doux et si intime ; et aux brumes trop empressées de l'automne tu verras tes fleurs tomber et se flétrir. Mais, en dépit de la mort qui les frappe une à une, tu as l'espérance, la certitude même, que tes plantes ne se perdront pas, et que tes fleurs re-

paraîtront encore et salueront le soleil du printemps prochain.

Tu connais parfaitement la courte carrière vitale de ces êtres fragiles et élégants. Avant que paraisse la fleur, lorsqu'elle est encore à l'état de bouton, tu la trouves enveloppée d'un étui de folioles vertes, qui reste à la base de la fleur épanouie et forme ce que les botanistes nomment le *calice*. La partie la plus belle de la fleur, — variée à l'infini et par la forme et par la splendeur, et par la distribution des couleurs dont le vert seul est exclu, — s'appelle la *corolle*; les folioles dans lesquelles elle se subdivise le plus souvent, sont les *pétales*.

Maintenant, prends une rose et arrache ses pétales un à un, — ainsi que tu fais quelquefois, lorsqu'en échange de confidences intimes avec tes amies, tu cherches dans une fleur l'augure d'un évènement désiré. Cette rose dépouillée de sa corolle, offrira plus distinctement à ton regard d'autres parties cachées auparavant et que la nature vigilante réserve aux plus délicats offices, dans le but suprême de reproduire l'espèce, et d'en maintenir la série indéfinie des générations. Plus propre encore à te fournir une idée claire et précise de toutes les parties de la fleur, est le lis banc, — symbole de ton âme pure et virginale. Dépouille-le de ses pétales d'une odeur si suave, et fais attention à ces corpuscules allongés, terminés par une tête assez grosse et pleine d'une poussière jaune : — ce sont les *étamines*, dont les *filaments* portent les *anthères;* et la poussière jaune que tes doigts en détachent au plus léger attouchement, est le *pollen*. Les étamines s'élèvent à l'entour d'un autre organe central compliqué qui est le *pistil*, dont la base grossie renferme tout-à-fait vertes les graines ou les *ovules* de la plante, et reçoit pour cela le nom d'*ovaire* ou de fruit. La petite colonne dans laquelle se prolonge insensiblement cette base, est le *style*, également terminé par une tête assez volumineuse, spongieuse, qui est le *stigmate*. Maintenant, choisis, si tu veux, d'autres fleurs, par exemple, celle de l'humble raiponce, dont je te reproduis ici la figure (fig. 20).

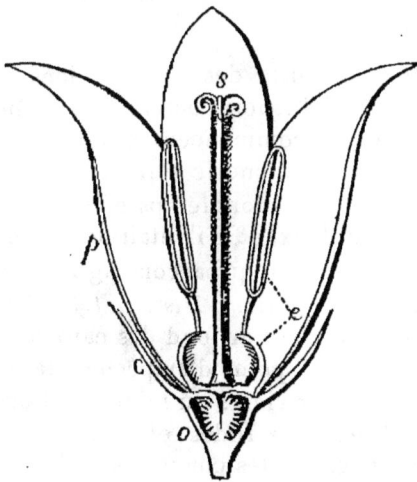

Fig 20.

Tu y remarqueras aussi :

Un calice C ;

La corolle d'un seul pétale conformé en manière de clochette P;

Les étamines E, dont les filaments sont très-courts,—les anthères au contraire très-allongées;

Le pistil avec l'ovaire O,

Et à l'extrémité opposée le stigmate S.

II. Mais je laisse désormais ta patiente curiosité répéter une semblable analyse sur d'autres fleurs, et la finesse de ton esprit reconnaître — sous une variété infinie de forme, de nombre, de distribution, — la présence constante de ces organes.

Il importe maintenant que tu saches que quelques espèces, comme le palmier-dattier, la vallisneria (1), le maïs, portent séparément

_____

(1) Genre de la famille des Vallisnériées formé par Micheli et dédié à Vallisneri, botaniste Italien de la fin du XVIIe siècle et du commencement du XVIIIe. — Le type de ce genre, la Vallisnérie spirale, *Vallisneria spiralis* (Linné), est depuis longtemps célèbre à cause des phénomènes merveilleux, et, s'il était permis de le dire, admirablement instinctifs, qui accompagnent et amènent sa fécondation *(Dict. univ. d'Hist. nat.)*. Ces plantes, très-variées, qui croissent au fond des eaux douces, sont souvent abondantes au point d'empêcher la navigation dans les canaux et les rivières du midi de l'Europe, dans l'Amérique du Nord, aux Indes et à la Nouvelle-Hollande. Il faut tous les ans les couper sous l'eau, à grands

des fleurs avec des étamines seules et des
fleurs avec des pistils seuls. Dans le langage

frais. — M. le Dr Ferd. Hœfer donne, des phénomènes
qui accompagnent la fécondation de la Vallisneria, une
description dont voici les principaux traits:

Les fleurs sont de deux sortes, les unes mâles, les autres femelles, sur des pieds différents. Une hampe ou un
long pédoncule filiforme, resserré en spirale, se termine
par une seule fleur; lorsque celle-ci est prête à s'épa-
nouir, la spirale se déroule jusqu'à ce que la fleur soit
à la surface de l'eau. Elle s'allonge, se racourcit, à mesure que l'eau s'élève ou s'abaisse. Dès que le calice est
entr'ouvert, que l'ovaire, surmonté de ses trois stigmates,
aspire après le moment de la fécondation, on voit aussitôt les fleurs mâles en grand nombre, et ne tenant à rien,
voguer à la surface de l'eau, et, comme par instinct, se
rapprocher des femelles, lancer sur elles, de leurs deux
étamines, le pollen qui doit les rendre fécondes. D'où
viennent ces fleurs mâles? Si nous les observons dans le
fond de l'eau, leur premier séjour, nous les verrons d'a-
bord réunies et fixées sur un petit épi conique, soutenu
par un court pédoncule. Quel est donc l'agent secret qui
les avertit du moment favorable pour briser leurs liens
et venir célébrer leur hymen? Aucun mouvement mécanique ne peut leur être imprimé par les femelles qui
sont isolées. Il n'y a donc que les étamines qui, sur le
point de répandre leur poussière, les sollicitent de se
rendre à la surface de l'eau. Alors, sans doute, les sucs
alimentaires s'arrêtent à leur point d'attache; le pédoncule se dessèche, et la fleur devient libre; et par une de
ces combinaisons dont on ne peut trop admirer la sagesse
qui les dirige, l'anthère est à son point de perfection, au
moment même où elle devient nécessaire au pistil. L'hymen accompli, les fleurs mâles se flétrissent et meurent,
la fleur femelle fécondée est ramenée par sa spirale au
fond des eaux; c'est là qu'elle mûrit ses semences.

des botanistes, celles-là sont les mâles parmi
les fleurs, celles-ci les femelles. Les unes et
les autres sont également nécessaires pour
l'accomplissement du grand œuvre de la propagation des plantes, d'où vient que dans la
majorité des cas, on trouve réunies en
une même fleur les *étamines* autour du *pistil;* — ou bien lorsque ces organes sont séparés, la nature, par des moyens divers, pour-
voit à leur rapprochement indirect. Les fruits
n'atteignent pas à une complète maturité, les
ovules renfermées restent stériles, si dans le
parenchyme de la jeune graine, à l'aide du
stigmate et du style, ne pénètre pas la matière
du pollen. Nos paysans en font quelquefois une
triste expérience, lorsqu'ils coupent sur la tige
du maïs la sommité qui porte les petites fleurs
mâles, avant que les longs styles de l'épi, les
barbes, aient reçu le pollen mûr que l'agita-
tion du vent fait tomber. Dans les dattiers la
séparation des fleurs mâles et des fleurs femelles est encore plus complète, car elles sont
portées non pas par les parties différentes d'une
même plante, comme dans le maïs, mais par
des plantes tout-à-fait distinctes et séparées.
A cause de cela les Arabes — auxquels le fruit
sucré et féculant du dattier sert comme à nous
le pain, — plantent à proximité des palmiers

femelles, quelques palmiers mâles, ou bien
suspendent aux feuillages de ceux-là quelques
rameaux portant des fleurs mâles à maturité.
Le vent qui les agite, les oiseaux, les insectes
qui les secouent, répandent dans l'air, sous
forme de poussière très-légère, les granules du
pollen en si forte quantité, que la chute de
quelques-uns de ceux-ci sur les fleurs femelles,
quoique fortuite, n'en est pas moins assurée.
Un historien raconte que lors d'une invasion
faite par les Turcs de la province de Bassora,
les habitants contraignirent l'ennemi à battre
en retraite, en lui livrant le terrain après y
avoir abattu les palmiers porteurs de fleurs
mâles; la maturité des fruits se trouvant arrê-
tée sur les palmiers chargés de fleurs femelles,
le seul aliment que pût fournir le pays vint de
cette manière à manquer aux envahisseurs qui
rétrogradèrent.

Si tu désires savoir comment agit le pollen,
— ce que les botanistes appellent poussière
fécondante des plantes, par égard aux ovules,
— je puis te l'expliquer en deux mots. Parmi
les cellules qui forment le parenchyme de l'o-
vule, il s'en trouve une beaucoup plus grande
que les autres, appelée *sac embryonnaire*. A
la fleuraison complète, les granules du pollen
mûr qui se détachent des anthères parviennent

sur le stigmate : chacun d'eux s'allonge en
un petit tube très-fin qui pénètre dans le petit
canal du style, plongeant directement dans
l'ovaire où se trouvent réunis les ovules. Chacun de ceux-ci, et précisément le sac embryonnaire, reçoit l'extrémité du petit tube *polli-
nique;* cette extrémité y dépose les germes de
nouvelles cellules d'où tire ensuite son origine
le petit embryon. Tandis que celui-ci s'orga-
nise, toutes les parties de la fleur devenues inutiles tombent : le fruit se développe et mûrit;
les ovules qui y sont renfermés deviennent
des graines; — et cette graine entre dans une
nouvelle phase, dans une période de vie la-
tente, qui peut durer pendant des années, tant
que ne se manifesteront pas les influences externes que tu connais bien, et qui provoque-
ront l'embryon à germer et à devenir une
nouvelle plante.

III. La pratique journalière des agriculteurs
t'aura sans doute enseigné que la propagation
des plantes peut s'effectuer par d'autres procédés. Une branche de saule ou de peuplier,
nouvellement coupée et confiée à la terre,
émet tout à l'entour de la partie ensevelie de la
tige une multitude de radicules, et devient
ainsi une plante indépendante qui développera
de nouveaux rameaux. Un procédé semblable

est celui du *marcottage,* d'un usage fréquent
pour les plantes de nos jardins. On enlève à
une branche une portion semi-annulaire d'écorce,
et on applique tout autour de la partie ainsi
dénudée un petit vase plein de terre végétale
qui ne tarde pas à recevoir les radicules qui
poussent de la blessure. Ces radicules prennent
bientôt un si grand développement, que la
branche est capable de vivre et de croître sé-
parée de la plante mère. En d'autres occa-
sions on a recours à des moyens encore plus
simples qui, bien que variés dans la forme, se
réduisent en essence, à favoriser le développement des bourgeons détachés de la plante et
placés en des conditions assez opportunes, pour
leur permettre d'émettre des racines. Quelquefois
ces bourgeons, au lieu d'être enfouis dans le
terrain, sont insérés dans des entailles pratiquées sur l'écorce d'autres plantes analogues
où elles sont prises. C'est à l'aide de ce procédé
que dans nos jardins on greffe sur les petites
plantes sauvages, telles qu'elles naissent constamment des graines, une variété particulière
de la même espèce ou d'espèces analogues,
estimée pour la beauté et l'excellence de ses
fruits. De quelle manière ces différents modes
de propagation des plantes arrivent à des résultats certains, tu le comprendras facilement,

si tu réfléchis à l'importance des bourgeons.

Dans notre commune manière de voir nous avons l'habitude de considérer chaque plante comme un individu. Si nous voulons, par exemple, établir une comparaison numérique entre les plantes d'un bois et les animaux d'un pâturage, nous comptons tant de troncs de celles-là, tant de têtes de ceux-ci. Cela n'est pas conforme à l'idée scientifique attachée au mot *individu*. Nous voyons dans les plantes une répétition continuelle des mêmes parties dont chacune renferme en soi les éléments de sa propre existence. Chaque bourgeon ou gemmule se développe en une petite branche tout-à-fait semblable à la petite plante qui se développe de la graine. Il est donc beaucoup plus rationnel de concevoir les plantes non comme des individus, mais comme des agrégats d'individus aussi nombreux que les bourgeons; — cette idée te paraîtra plus claire, quand tu apprendras à connaître de semblables agrégations parmi les animaux. Un ou plusieurs individus peuvent ensuite se détacher de la colonie originaire, pour vivre de leur vie propre, fonder et étendre de nouvelles colonies. Ordinairement ce sont les branches qui s'étendent hors de terre, qui portent les bourgeons : quelquefois, au contraire, ce sont les rameaux souterrains, qui chez quel-

ques plantes grossissent par accumulation de
matière féculente ; — tel est, par exemple, le
cas de la pomme de terre commune. Rigoureu-
sement parlant donc, les procédés qui nous
semblent si nombreux et si variés, par lesquels
les plantes se multiplient, peuvent être rame-
nés à deux seulement. La petite plante qui
pousse de la graine se développe, et produit à
l'aisselle de chaque feuille un bourgeon qui
n'est autre chose qu'un véritable embryon, ou
une petite plante en miniature, dont les folioles
sont portées sur un axe extrêmement court ;
chaque bourgeon se développe ensuite et atteint
les derniers termes de sa carrière vitale par la
production de la fleur, puis enfin par la formation de la graine. On peut donc dire que les
plantes se propagent par bourgeons et par graines. Cependant cette distinction même perd de
sa valeur réelle, lorsque l'on compare dans les
commencents de leur formation l'embryon fixé
ou le bourgeon, et l'embryon détaché ou la
graine ; — dans les deux cas, la production
d'un nouvel organisme végétal se réduit à la
formation d'une cellule qui en produit d'autres
dans son intérieur, lesquelles se multiplient à
leur tour, et, se disposant selon des lois données et déterminées d'avance, constituent un
embryon.

IV. A combien d'autres considérations très-importantes une simple plante ne fournit-elle pas la matière! La disposition de ses différentes parties, — comme des feuilles et des fleurs sur les tiges, des pétales sur les fleurs, — qu'à première vue tu jugerais arbitraire, capricieuse, sans aucun ordre, est, au contraire, régie par des lois rigoureuses, imprescriptibles. Les pétales que tu pourrais considérer comme des organes tout-à-fait nouveaux, et sans analogie dans les plantes, ne sont cependant que des feuilles modifiées. Les étamines sont des pétales transformés, et rentrent encore comme tels, dans le type des feuilles dont ils représentent l'expansion dans l'anthère, le pédoncule dans le filament.

Je me bornerai à te démontrer l'analogie de nature qui existe entre les étamines et les pétales, en tirant parti d'une observation très-vulgaire. Tu connais dans plusieurs espèces de fleurs de jardins, — dans les violettes, dans les roses, dans les camélias, — deux principales variétés, — l'une avec des fleurs simples, l'autre avec de fleurs doubles. Dans cette dernière, le nombre des pétales est beaucoup plus considérable que dans l'autre, moindre, au contraire, le nombre des étamines, et cependant, dans chaque espèce de plante, le nombre de ces parties de la fleur est préfixé, ou à peine variable par suite de cas rares et exceptionnels, entre des limites très-restreintes. Or, d'après l'observation faite que si dans les fleurs doubles le nombres des pétales s'est accrû, celui des étamines a diminué en égale proportion, tu arriveras toi-même à cette conclusion, que les pétales supplémentaires proviennent de la transformation d'autant d'étamines.

V. La graine mûre est un embryon formé de parties distinctes, rendues parfaitement manifestes dès les premiers moments de la germination. Ce sont :

1° Une gemmule qui s'élance en haut et devient la partie aérienne de la plante ;

2° Une radicule qui s'enfonce toujours davantage dans le terrain ;

3° Une ou deux feuilles embryonnaires, développées au point de former la masse principale de la graine.

Ces feuilles embryonnaires appelées *cotylédons* (1) sont d'une très-haute importance dans les premières phases évolutives de la plante. Dans leur parenchyme se rassemblent des matériaux suffisants pour constituer de nouveaux

_____

(1) Du grec *cotulé*, écuelle ; on appelle aussi les feuilles embryonnaires, *feuilles séminales*.

tissus, tant que la plante n'est pas à même de
tirer ses éléments nutritifs de l'air et du terrain.
Ordinairement ces feuilles abondent en fécule
unie à une certaine quantité de protoplasme,
qui pourra à son temps convertir la fécule insoluble et renfermée dans ses cellules en dextrine
dissoute et entraînée dans la circulation. Cette
combinaison de principes dans le tissu des cotylédons t'explique la raison pour laquelle beaucoup d'animaux, et l'homme lui-même, trouvent
dans les graines de diverses plantes, — comme
des céréales (froment, seigle, orge) et des lé-
gumineuses (haricots, pois, fèves), leur principal aliment. Dans la figure ci jointe qui repré-
rente une amande (fig. 21) tu vois :

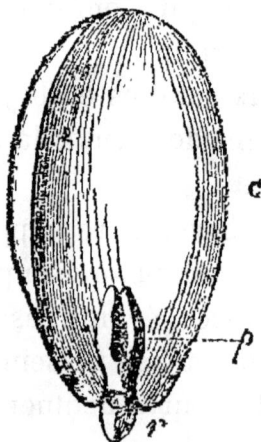

Fig. 21.

En P, la gemmule;
En R, la radicule;

En C, un cotylédon, l'autre étant suposé détaché.

VI. Toutefois il y a des plantes qui ne portent
jamais de fleurs et par conséquent ne donnent
jamais de vraies graines : ces plantes sont
nombreuses, très-variées, quoiqu'un petit nombre d'entre elles soient assez apparentes pour
tomber sous l'observation commune. La plus
grande partie, en effet, ne se présente à l'œil nu
que sous forme de taches, de duvets, de croûtes,
de globules, de filets très-minces; et elles ne
laissent reconnaître leur vraie nature qu'à l'aide
du microscope. Tu connais sans doute les fougères qui croissent spontanément et en grand
nombre parmi les broussailles, dans les terrains
incultes; eh bien, elles appartiennent précisément à cette classe de plantes, ainsi que les
mousses, les lichens, les champignons, les moisissures, et à cette multitude infinie de végétaux aquatiques qui prennent le nom collectif
d'algues. Si ces plantes manquent de fleurs,
— c'est-à-dire d'organes composés essentiellement d'étamines et de pistils, — si elles ne
produisent jamais de vraies graines, cela ne signifie pas qu'elles soient dépourvues de la faculté de se multiplier, par la reproduction des
corpuscules particuliers, destinés à se transformer en embryon; — seulement ces corpuscules

— qu'on peut appeler avec raison les séminules de ces plantes-là, — sont d'une extrême
petitesse et se réduisent à une très simple vésicule microscopique. On a donné à ces séminules le nom particulier de *spores*. Généralement les spores sont réunies plusieurs ensemble, en nombre variable, dans un petit sac ou
utricule comme des cellules nouvelles dans la
cellule mère ; — et ces petits sacs qui contiennent ces séminules ou spores prennent le nom
de *sporanges*.

Si tu observes attentivement la face inférieure
des feuilles des fougères, tu y retrouveras ordinairement plusieurs petites taches en relief
qu'à leur aspect tu prendrais pour de petites
taches de rouille. Chacune d'elles est formée
par l'agrégat de petits sporanges. Tu auras eu
l'occasion d'observer que les objets moisis, se-
coués ou battus, répandent quelquefois une
poussière très légère ; cette poussière est formée par le nombre infini de spores qui dans les
moisissures mûres se trouvent amassées et re-
tenues par une très-faible adhérence à l'extrémité des filaments. Ce sont encore les spores qui
forment cette poussière semblable à une sorte de
fumée dense, que bien souvent,— soit par hasard,

soit par jeu, — tu fais sortir des lycoper-
dons (1).

Rien de plus simple dans tout le règne organique qu'une spore. A peine l'une d'elles est tombée
dans des conditions favorables, que sa germination commence et se continue par un procédé
très-simple. En voici un exemple facile à vérifier sur ces espèces d'algues si fréquentes, sous
forme de filaments très-minces, dans les ruisseaux de nos pays. Ces filaments résultent
d'autant de cellules placées l'une derrière l'autre : quelques-unes de ces cellules passées à
l'état de sporanges éclatent ; chaque spore qui
en sort ne tarde pas s'allonger, puis à se diviser en deux parties, l'une gonflée et libre, l'autre
amincie, qui s'attachent à un corps submergé
quelconque. La partie gonflée s'allonge aussitôt à son tour, puis se divise en deux cellules
placées l'une derrière l'autre; — la cellule
nouvelle subit la même phase, et ainsi de suite.
Par ce procédé incessant, le filament se forme
et s'allonge toujours de plus en plus. En voici
un exemple dans la figure 22.

(1) Genre de champignons très-vulgaires, de forme glo-
buleuse. Lorsqu'ils sont mûrs ils laissent échapper à la
moindre compression un nuage pulvérulent qui ressemble
à une légère fumée.

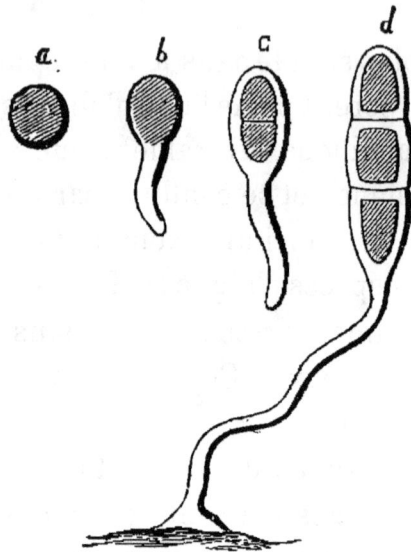

Fig. 22.

Les spores donc se transforment directement et en dehors de leur utricule ou spo-
range en un embryon privé de cotylédons; —
et ce procédé est bien différent de celui qui a
lieu dans les plantes chez lesquelles l'embryon
se forme dans l'ovaire, et est muni de cotylédons.

VII. L'un des principaux buts des naturalistes
est celui de classer les êtres naturels, c'est-à-
dire de les distribuer en groupes plus ou moins
complexes, chaque groupe se basant sur des
propriétés essentielles que les êtres qui s'y
trouvent compris possèdent en commun. Ainsi

par exemple, je t'ai déjà appris à séparer dans
le vaste ensemble des êtres de la nature, les
êtres inorganiques des êtres organisés, et aussi
à subdiviser ceux-ci en plantes et en animaux.

Les plantes forment un règne immense
dans lequel on reconnaît maintenant 60,000
espèces bien distinctes. Il faut encore décomposer ultérieuremement ce règne en
classes. D'après tout ce que je t'ai appris dans
le cours de cette lettre, tu pourras voir toi-
même qu'il est opportun et convenable de sépa-
rér d'abord les plantes qui ont des fleurs manifestes de celles qui ne portent jamais de fleurs.
Les botanistes ont donné aux premières le nom
de *Phanérogames* (à noces manifestes), celui
de *Cryptogames* (à noces cachées) aux secondes. — On peut aussi appeler celles-là *Cotylé-
donées,* et celles-ci *Acotylédonées* (1).

Dans les phanérogames, la jeune plante ne
reste qu'un temps très-court avec une simple
structure cellulaire, un grand nombre de ces
cellules se transformant bientôt en fibres et en
vaisseaux. Parmi les cryptogames, les plantes
qui, parvenues à un complet développement,
présentent des vaisseaux et des fibres sont

(1) De *a* privatif et de *cotulé,* écuelle ; embryon privé
de cotylédons. Quelques botanistes disent *inembryonés,*
au lieu d'*acotylédonés.*

comparativement en petit nombre; et parmi ce petit nombre, il faut précisément compter les fougères. La plus grande partie des plantes de cette immense classe restent toute leur vie formées seulement de cellules; — et même, ainsi que je te l'ai déjà signalé dans les lettres précédentes, — il en quelques-unes qui se réduisent à une cellule unique.

On doit distinguer les plantes phanérogames d'après le nombre des folioles embryonnaires, en *monocotylédonées* et en *dicotylédonées*, suivant que le nombre des folioles est de un ou de deux. Il n'est pas nécessaire de rompre la graine ou d'attendre la germination de l'embryon pour arriver à connaître à laquelle de ces deux classes appartient une plante phanérogame donnée. Le caractère susdit, bien qu'employé comme titre de classe, n'est pas isolé, mais accompagné d'autres caractères non moins importants, dérivés de l'ensemble de l'organisation de la plante. On trouve, par exemple, que dans les feuilles des monocotylédonées les nervures ne sont jamais réticulaires (1) ; mais tantôt toutes égales et parallèles à l'axe de la feuille elle-même, — comme

---

(1) Ou rétiformes du latin *reticularis*, fait de *reticulum*, filet qui ressemble à un réseau, à un rets.

dans les roseaux ; — tantôt distinctes dans des
nervures secondaires, simples et parallèles,
— comme dans le bananier. Outre cela les
fleurs dans les monocotylédonées sont souvent incomplètes, manquant tantôt de calice,
tantôt de corolle, parfois de tous les deux. Dans
le tronc, les vaisseaux et les fibres sont distribués au milieu du parenchyme sans ordre
régulier, sans y former de couches concentriques ; les parties nouvelles qui s'y ajoutent
chaque année et le grossissent, prennent naissance dans la partie centrale du tronc, de sorte
que les parties anciennes sont toujours de plus
en plus repoussées vers la périphérie.

Les plantes de cette classe — et particulièrement celles de grande taille — abondent
dans les régions situées entre les deux tropiques, et contribuent beaucoup à imprimer un
caractère particulier à l'aspect général de ces
pays. — Un grand nombre de plantes très-
importantes en font partie : et il suffira, pour
exemples, de te citer les palmiers, les céréales,
les lis, les jacinthes, les aloès, les cactus, les
ananas, les cannes.

Les dicotylédonées, au contraire, portent généralement des feuilles à nervures subdivisées et
réticulées ; et des fleurs pour le plus souvent
complètes. Les fibres ligneuses du tronc sont

disposées en zones concentriques, et les plus
récentes sont situées vers la périphérie, les plus
vieilles autour de la moelle. Le nombre et la
variété des plantes appartenant à cette classe
est incroyable : — elle comprend les sapins,
les pins, les mûriers, les ormes, les saules,
les peupliers, les arbres fruitiers les plus répandus chez nous, les lauriers, les rosiers, les
camélias, le cafier, et mille et mille autres
plantes communes ou très-connues.

LETTRE DIX-NEUVIEME.

—

1. La nourriture des animaux. — II. La machine animale. — III. La respiration. — IV. La chaleur, source de vie. — V. Le sucre et la bile d'une même source.

I. Vers la fin du dernier siècle, un vieux professeur de Pavie avait l'habitude de faire à ses élèves, en plaisantant, une singulière distinction des êtres naturels. — « Les minéraux, disait-il, ne mangent pas et ne sont pas mangés; les végétaux ne mangent pas et ils sont mangés; les animaux mangent et ils sont mangés. » Sans rien perdre de son originalité, cette plaisante distinction des êtres naturels a pris, avec le temps, une véritable et réelle valeur scientifique. Tu as appris, en effet, d'après les lettres précédentes, ma chère fille, que les substances essentiellement nutritives des plantes sont l'eau, l'ammoniaque et l'acide carbo-

nique, et que, dans l'ordre providentiel de la
création, cette atmosphère où elles étendent leurs
feuilles en est le réservoir inépuisable. Donc,
l'air, d'où les plantes tirent leur nourriture, les
entoure de toutes parts, et elles ne font, pour
m'exprimer ainsi, que s'en laisser pénétrer.

Les animaux pour vivre ont besoin de beaucoup d'autres choses. Ils doivent aller continuellement à la recherche de leurs aliments, ou,
s'ils sont fixés, comme, par exemple, les hui-
tres aux rochers, l'attirer à eux comme dans un
guet-apens. L'aliment une fois pris, entre par
une ouverture déterminée, qui est le plus souvent compliquée d'organes pour le triturer ou
y mêler des humeurs particulières et le transmettre ensuite, par le moyen d'un canal mem-
braneux, l'œsophage, à un organe central qui
est l'estomac ou le ventricule. Des parois de
celui-ci transsude une humeur qui agit énergi-
quement sur les matières ingérées, les altère,
les fond, et rend possible, par la suite, l'absorption d'une partie de ces matières, tandis que la
portion résidue s'en va de nouveau hors du
corps. La partie absorbée devient un fluide très-
riche de la plus précieuse matière organique,
— le sang.

La nourriture des animaux ne se compose
pas seulement de substances organiques, mais

le plus souvent de véritables êtres vivants, qui sont des plantes ou d'autres animaux. Certains animalcules dont la forme très-variée peut être représentée par un sac charnu, garni sur le bord de prolongements disposés en rayons, de manière à rappeler une fleur avec ses pétales, vivent par myriades dans le sein des eaux. Etonnés d'une ressemblance si frappante, les anciens naturalistes se sont laissés induire à les considérer comme des plantes, même, comme des fleurs, tandis que leur véritable nature est indiquée jusqu'à l'évidence par leur mode d'alimentation. Ces étranges animaux ont reçu la dénomination générique de *Polypes*, c'est-à-dire à plusieurs pieds, — considérant comme tels les prolongements susdits; — parmi eux, se trouvent les *Actinies*, que l'on appelle aussi *Anémones de mer,* à cause de leur ressemblance avec les anémones des jardins. Eh bien, ces actinies sont si voraces, que si un autre animal, par exemple, une petite écrevisse, passe à leur portée, elles le saisissent, le font passer dans la cavité de leur corps, — ce qui vaut autant dire leur estomac, — en sucent la partie la plus nutritive, et en rejettent la dépouille. Parfois l'animal ainsi mangé est tellement plus gros que l'animal mangeur que le corps de celui-ci ne paraît autre chose qu'une enveloppe de son propre repas.

Si l'on veut indiquer, par une expression générique et en même temps exacte, la condition
essentielle de la nourriture des animaux, on
peut dire qu'elle ne se compose jamais d'une
manière homogène, mais d'un mélange de différentes substances : — les unes véritablement destinées à devenir partie intégrante de
l'organisme; — les autres à y être consumées,
précisément comme l'huile dans une lampe ou
le charbon dans un fourneau.

Les substances alimentaires de la première
sorte, — celles que nous pouvons appeler dès
ce moment substances alimentaires plastiques,
— doivent nécessairement être les mêmes que
celles dont se compose l'organisme de l'animal
qui s'en nourrit. Or, une même substance organique fondamentale est celle qui se présente
dans chaque tissu animal : — une substance
susceptible, dans une certaine sphère, de diverses modifications, et d'assumer en tel cas,
des caractères et des noms divers dans la
science. Souviens-toi à ce propos de tout ce que
je t'ai dit relativement à la nature chimique
presque identique de la cellulose, du bois, du
sucre et de l'amidon. Un fait analogue ressort
de la connaissance exacte des substances plastiques animales. La fibre de la chair, le blanc
de l'œuf, le caillé du lait ou le fromage, se com-

posent respectivement de *fibrine, d'albumine*,
de *caséine*, trois substances différentes dans
leurs caractères, mais toutes composées des
mêmes éléments en proportion presque constante. Ces éléments sont l'oxygène, l'hydrogène. le carbone et l'azote, auxquels s'ajoutent
de très-petites quantités de soufre ou de phosphore. Et non-seulement les substances fondamentales de la chair, de l'œuf, du lait, sont
presque identiques entre elles, mais elles le
sont aussi avec le protoplasme des jeunes cellules végétales : d'où il résulte que ces substances sont toutes au même degré de bons
aliments plastiques pour les animaux.

La distinction qu'on a vulgairement coutume
de faire des animaux, en carnivores et en herbivores, bien que juste et importante, n'est
donc pas fondée sur une différence essentielle
de leurs matières nutritives. La vie des animaux est dans la plus étroite dépendance de
celle des plantes. — A celles-ci est exclusivement donné le pouvoir de former la matière
organique plastique, en en combinant les éléments; — à ceux-là il n'est concédé d'autre
faculté que de la prendre aux plantes et de l'or-
ganiser. La cellule végétale est le laboratoire
mystérieux où se préparent l'albumine, la
fibrine, la caséine; — la cellule animale convertit

10

ces matières brutes en membranes, en muscles,
en nerfs, en glandes.

II. Que ne m'est-il donné, par le seul moyen
de mes paroles, de guider ton esprit dans l'intérieur de la machine animal fonctionnant! —
de cette machine qui est un monde entier pour
la contemplation de l'homme! — de t'en
montrer l'architecture si compliquée, si merveilleuse, — de te rendre spectatrice du travail de tant de parties si différentes et si admirablement coordonnées dans le but unique de
conserver l'existence de l'espèce, comme les
espèces sont coordonnées pour l'ordre et l'é-
quilibre, de toute la création vivante! Je n'a-
bandonne pas l'espérance de pouvoir, dans un
avenir rapproché, consacrer d'autres entretiens
à un objet si sublime, et je souhaite que le tableau que je me dispose à t'en ébaucher rapidement et à larges traits, en éveille en toi le
désir et en moi le courage.

A l'exception de quelques êtres microscopiques, — dont la structure très-simple, au
moins en apparence, rend les facultés encore
plus mystérieuses, — tous les animaux possèdent un tégument, compliqué quelquefois de
poils, de plumes, d'écailles, de croûtes, et qui,
sous la forme d'une membrane, se prolonge
dans toutes les cavités du corps. — Ils ont

des fibres contractiles qui forment les muscles ou la chair proprement dite, par lesquels tout mouvement s'effectue ; — des cordons délicats et mous — les nerfs — qui partent d'un cerveau, instrument mystérieux de l'âme, et par le moyen desquels ils sentent les impressions portées à l'oreille, à l'œil, aux narines, à la langue, à la peau, et transmettent aux organes du mouvement, les actes de la volonté. — Ils ont un canal long, tortueux, compliqué, qui reçoit les aliments, les élabore et prépare la formation du sang, — de ce fluide si riche de matières plastiques, qu'il est justement nommé chair liquide. — Ils ont un cœur qui pousse le sang dans les *artères*, ou par un tronc central subdivisé en ramifications périphériques, et qui le reçoit de nouveau par le système des *veines*, ou par un tronc central formé par la jonction des rameaux périphériques. — Ils ont des glandes qui extraient de ce fluide commun circulant, — par un pouvoir électif (1) admirable, — et reversent à l'extérieur, chacune leurs principes particuliers et caractéristiques : d'où l'urine, la bile, la salive, le suc gastrique. — Ils ont enfin des organes dans lesquels, l'air et le sang à peine séparés par de fines membra

_____

(1) C'est-à-dire par affinité, par attraction.

nes, réagissent entre eux, et de telle sorte, que
l'acide carbonique du sang entre dans l'air, et
que l'oxygène de l'air pénètre dans le sang.

III. Je t'ai souvent répété que l'organisme
animal est une source continuelle d'acide carbonique, en opposition providentielle avec l'organisme des plantes. C'est précisément par la
voie des organes respiratoires que cet acide
carbonique est émis. Ces organes peuvent être
diversement construits et disposés dans les divers animaux, — suivant qu'ils sont destinés
à respirer l'air libre élastique, — ou l'air qui
reste naturellement dissous dans l'eau. En général, ils prennent la forme de *poumons* dans
le premier cas, — de *branchies* dans le second.
Nous pouvons nous représenter un poumon
comme une cavité limitée par des parois mem-
braneuses riches de vaisseaux sanguins, qui,
au moyen d'un canal particulier, — la *trachée*,
—reçoit et émet de nouveau l'air extérieur. Une
branchie, par contre, est formée par une frange
de vaisseaux sanguins, au contact de laquelle,
par des mécanismes différents, l'eau peut être
continuellement échangée. Aux poumons aussi
bien qu'aux branchies, il parvient et se subdivise en ramifications très-fines, un courant de
sang d'une couleur rouge sombre, semblable à
celui qui, dans les autres organes du corps,

circule dans les veines; — il en revient, au
contraire, passant toujours de petits vaisseaux
dans des vaisseaux plus considérables, un
courant de sang rouge vif, comme celui qui,
dans les autres organes du corps, circule dans
les artères.

Pour te faire une idée du changement que le
sang subit dans les organes respiratoires, fais
attention à ce qui se passe dans le sang extrait
d'une veine après l'opération de la saignée.
Bientôt sa surface libre devient d'une couleur
rouge vif, très-distincte de la couleur rouge
sombre qui paraît à travers les parois du verre.
Cette avivation de la couleur est due au contact
de l'air; en effet, elle n'a pas lieu si l'on empêche ce contact. Il serait facile de faire de cette
observation vulgaire une expérience d'une
grande importance, en plaçant promptement le
sang de la saignée sous une cloche renfermant
une quantité d'air déterminée. Après un certain temps, — la rougeur de la couche supérieure du sang avivée, — celui qui ferait alors
l'examen de l'air contenu dans la cloche, y trou-
verait l'oxygène diminué, et à sa place un égal
volume d'acide carbonique. Des expériences
analogues répétées et variées à propos, par
plusieurs physiciens modernes, ont mis en
plein jour cette vérité : que le sang contient de

l'acide carbonique dissous, et le sang veineux relativement plus que le sang artériel; et que dans les organes respiratoires, où le sang veineux est porté, a lieu un échange d'une certaine quantité de gaz avec autant d'oxygène de l'air. Cet échange effectué, le sang est devenu artériel et nouvellement distribué dans les différentes parties du corps. Un organe respiratoire se distingue donc de tous les autres organes du corps:

1º Par la disposition organique qui permet le contact médiat du sang avec l'air;

2º Par la direction qu'y ont les deux courants sanguins artériels et veineux; — celui-ci des troncs vers les rameaux, — celui-là des rameaux vers les troncs. C'est précisément le contraire de tout ce qu'on observe dans les autres organes.

Tu pourras facilement comprendre la formation de l'acide carbonique expiré, si tu réfléchis d'abord à la grande quantité de carbone qui forme un élément — soit des tissus animaux, soit des substances alimentaires, — puis à la quantité d'oxygène qui entre dans le corps à chaque acte respiratoire, que le sang dissout et que les artères portent dans la circulation. C'est donc par un vrai procédé de combustion que se produit cet acide carbonique.

Cependant il y a aussi de l'hydrogène en combinaison avec le carbone. Cet hydrogène brûlé d'une manière analogue produit de l'eau, qui est éliminée, — soit par l'exhalation pulmonaire, soit par les diverses sécrétions du corps; — il y a encore de l'azote, — qui, séparé des autres éléments avec lesquels il formait la substance plastique des tissus, — entre en de nouvelles combinaisons que le sang dépose peu-à-peu dans la sécrétion de l'urine, dont les propriétés caractéristiques sont précisément dues aux composés azotés de rejet.

Ce que tu as appris maintenant suffit pour te convaincre que ce même air qui nourrit et fait croître les plantes, occasionne en même temps la lente mais continuelle consommation des tissus animaux, et y rend nécessaire l'affluence en mesure proportionnelle, de nouvelle matière plastique. La vie de l'organisme animal se soutient par un renouvellement continuel de ses parcelles constitutives. Les différentes parties de ton corps, cette année, sont identiques à celles de l'année dernière, et toutefois ne sont pas précisément les mêmes.

IV. La formation continuelle de l'acide carbonique dans les animaux, ne doit pas être considérée seulement comme un effet perdu du procédé respiratoire, mais comme un acte de

première nécessité, destiné à produire ce calorique qui leur est propre et qui devient le principe excitateur de toute leur activité vitale; —
car il est bon que tu saches, qu'il existe dans
l'organisme animal quelque chose d'analogue
à la condition d'une machine à vapeur, où la
quantité de travail est en rapport direct et pro-
portionnel ave la puissance calorique et avec
la quantité de combustible qu'on y brûle. Les
rations d'aliments sont les charges de combustibles dans la machine animale. L'expérience,
en effet, nous enseigne que la vigueur et la résistance aux fatigues d'un cheval sont en raison de la qualité et de la quantité de la nourriture qu'on lui donne; — qu'à une économie
mal entendue de fourrage, répond aussitôt
une déperdition de forces utiles de la part de
l'animal; — qu'afin d'en tirer le plus grand
avantage possible, il faut lui fournir des aliments au-delà de sa mesure nécessaire pour
sa simple et même sa parfaite conservation. Et
on a lieu d'observer, qu'en de tels cas, cet excès d'aliments n'est pas assimilé par le cheval
(qui en le supposant adulte et bien portant,
n'augmente ni ne diminue de poids dans le
cours d'une année), mais est consumé, et même
véritablement brûlé par la respiration, produisant ainsi dans chaque partie de l'organisme,

cette quantité de chaleur qui développe et maintient l'énergie vitale. — L'un des effets les plus immédiatement mortels du jeûne absolu consiste précisément dans une production trop diminuée du calorique animal.

Il ne suffit donc pas pour constituer un bon aliment d'une mesure donnée d'une substance plastique à peine suffisante pour les réparations organiques; il faut encore qu'elle soit jointe à d'autres substances organiques non plastiques, mais susceptibles d'être brûlées par l'oxygène continuellement introduit par la respiration. Ces substances sont bien connues, et, quoique bien différentes entre elles, elles ont en commun les caractères suivants :

1º Elles sont parfaitement neutres;

2º Elles contiennent de fortes proportions de carbone et d'hydrogène;

3º Elles manquent tout-à-fait d'azote.

La graisse, la fécule, le sucre appartiennent à cette catégorie, et tu comprendras très-bien que l'une au moins de ces substances ne manque jamais dans nos propres aliments, soit pris en état de nature, soit diversement conditionnés. Or, les matières grasses, féculentes, sucrées, sont élaborées dans l'intestin, de là, absorbées et entraînées dans la circulation; mais non pas pour fournir aux réparations des tissus, ni pour être

évacuées en nature, mais bien pour y subir un
procédé de combustion qui les change en eau
et en acide carbonique. Ces substances, à bon
droit considérées comme des matières nécessaires au mélange nutritif, ont été distinguées
par le nom d'aliments respiratoires ou thermogènes (producteur de chaleur). Si tu me de-
mandais maintenant lesquelles, des substances
thermogènes ou des plastiques, sont les plus
nécessaires pour la conservation des animaux,
je te répondrais qu'elles le sont toutes les deux
à un même degré. Un chien nourri seulement
de fécule, ou d'albumine seule, mourrait à peu
près dans le même temps, absolument comme
à la suite d'un jeûne absolu.

Souvent néanmoins, il arrive qu'il est introduit dans le corps une quantité plus forte de
ces substances thermogènes que celle qui y
peut être brûlée : alors l'animal augmente de
poids, -- non par suite d'un véritable accroissement de ses tissus, -- mais par une accumulation de graisse sous la peau et autour des
viscères du ventre. Cette graisse peut avoir
une double origine : elle peut être en partie
directement absorbée du mélange alimentaire,
et partie encore, provenir d'une transformation
du sucre ou de la fécule. Nourriture copieuse
et inertie musculaire, -- partant, procédé res-

piratoire ralenti, — sont les conditions au moyen desquelles nous engraissons artificiellement les animaux tenus en esclavage; tandis qu'à l'état sauvage — leur état naturel — libres et vigoureux, ils sont ordinairement maigres. La graisse accumulée ne l'est pas sans un but : c'est une provision de combustible qui peut rendre l'animal capable de supporter un long jeûne. On observe, en effet, que quelques animaux engraissent à une époque périodique, — les marmottes, les loirs, par exemple, — lorsqu'ils sont près d'entrer dans leur long sommeil hivernal; — les oiseaux à l'époque de leur émigration. L'on remarque aussi que, lorsque les uns se réveillent et que les autres sont parvenus à leur destination, le gras est consumé.

V. La vie des animaux est si dépendante de ce régulier et continuel procédé de combustion, que la nature fait concourir à son accomplissement l'action combinée de divers organes. — L'un des plus importants parmi ceux-ci, c'est sans aucun doute le foie, si l'on pense seulement à son grand développement chez presque tous les animaux. C'est par lui que la bile est sécrétée. On considère celle-ci, parce qu'elle coule dans le canal intestinal, comme l'un des agents les plus nécessaires pour le

procédé de la digestion. L'office principal du
foie ne fut donc pas même mis en discusion,
tant il semblait évident par lui-même. Mais,
après avoir trouvé qu'on pouvait empêcher
dans quelques animaux l'effusion de la bile
dans l'intestin, en la dérivant et en la conduisant, au contraire, directement hors du ventre,
sans dommage sensible pour le procédé digestif, le foie redevint un organe sans destination
connue, et remit les naturalistes sur le champ
des conjectures. Dans ces dernières années,
cependant, le mystère fut tout-à-coup dévoilé;
des recherches heureuses permirent à un savant professeur de Paris, M. Bernard, d'arriver
à cette brillante découverte, à savoir : que le
foie est un laboratoire de sucre, un organe doué
de la faculté de convertir en cette substance
éminemment thermogène d'autres qui ne le
sont pas à un égal degré, et les matières alimentaires plastiques elles-mêmes qui ne le
sont pas du tout. Le sucre formé dans ce vis-
cère passe dissous dans le sang, où il se décompose en eau et en acide carbonique. Singulière association! La bile et le sucre par un
même organe : — c'est à-dire, dans le sens
physique, ce qu'il y a de plus amer et de plus
doux dans le corps animal!

LETTRE VINGTIÈME.

—

I. Importance des petits organismes. — II. Les foraminifères. — III. Les polypes. — Les formations madréporiques.

I. Si mes lettres précédentes ont pu atteindre seulement une seule partie de leur but, et laisser quelque durable impression dans ton esprit, combien, ma chère fille, l'harmonie providentielle de la création terrestre, la liaison admirable de ses lois, par lesquelles les animaux dépendent des plantes, les plantes de la terre, devra te saisir d'admiration ! Chaque chose est créée pour le bien d'une autre ; et si parfois cette vérité se dérobe à nos yeux, c'est que souvent le premier jugement que nous portons sur la valeur des êtres et des phénomènes naturels, est erroné. L'observateur vulgaire, — plein d'admiration pour tout ce qu'il y a de grandiose, de beau dans les forces isolées, ou trop captivé

par ce qui flatte ou blesse directement les in-
térêts matériels de l'homme, — perd de vue un
vrai monde· d'animalcules presque invisibles
qui s'agitent par myriades dans le sein des
eaux. Et si parfois il s'applique à en contempler
les formes à travers les lentilles du microscope,
c'est pour satisfaire pour quelques instants une
vaine curiosité, et pour s'amuser de la merveilleuse petitesse de ces êtres étranges ; — à
peine se demande-t-il quel est le but de leur
existence.

Ce but est grand, ma chère fille. La nature
a confié à ces êtres que nous considérons
comme inférieurs à tous les autres, la vie
des animaux plus élevés ; elle emploie leurs
forces, minimes sans doute, mais continuelles
et combinées, à produire les effets les plus
grandioses.

Tous ces petits animalcules que je t'ai déjà
appris à connaître sous le nom d'*infusoires*,
doués d'une faculté de propagation presque incroyable, naissent et se multiplient à millions,
à billions, d'un petit nombre de germes tombés
là où ils peuvent trouver leur nourriture dans
une substance organique en dissolution. Les
eaux des étangs — de la mer elle-même —
en sont quelquefois troublées et colorées sur
une grande étendue, et invitent de toutes parts,

comme à un repas somptueusement servi, une
multitude infinie d'autres animaux infimes, tels
que, par exemple, les petits crustacés, les
méduses, etc. Ceux-ci deviennent à leur tour
l'aliment favori, nécessaire même, d'autres
animaux : des troupes de petits poissons
en font un effroyable carnage, pour tomber
eux-mêmes bientôt après dans les gosiers voraces d'autres poissons plus grands, qui, à
leur tour, ne pourront pas jouir longtemps en
paix d'une proie si abondante, assaillis comme
ils le seront, et de tous côtés, par des ennemis
encore plus gros et plus puissants. Sévère,
inexorable est cette nécessité de la nature qui
pousse le grand à assaillir le petit, le puissant
à dévorer le faible ; — mais il n'appartient pas
à l'homme d'en accuser la Providence, car elle
concourt à maintenir l'équilibre et l'ordre de
cette partie de la création que Dieu a placée
sous son empire. Qu'il se garde plutôt de ne
pas l'étendre au-delà des limites dans lesquelles
la nature l'a renfermée, — de ne pas la faire .
passer du règne matériel des brutes dans le
règne moral de l'homme, où, s'il y a des heureux et des misérables, des puissants et des
faibles, des savants et des idiots, — il ne doit
pas s'y trouver des opprimés et des oppres-
seurs ; — où une loi de paix et d'amour lui

a été donné afin d'adoucir les différences nécessaires des conditions individuelles.

II. La plupart des animalcules microscopiques ont leur petit corps nu et désarmé; d'autres l'ont cependant défendu par une coquille
pierreuse qui reste intacte après la décomposition de la substance pulpeuse organique. Et
comme les générations de ces êtres se succèdent avec une incroyable rapidité, — égale à
celle dont je t'ai déjà fourni un exemple dans
les Diatomées, — il en résulte que leurs dépouilles restent accumulées, et très-souvent en
nombre si prodigieux, qu'elles suffisent à constituer à elles seules d'immenses dépôts.

Dans les sables que les vagues de la mer
laissent sur la plage en différents endroits du
littoral Adriatique, — et de même dans quelques sédiments anciens tout-à-fait analogues,
déposés maintenant bien loin de la mer, — on
rencontre des corpuscules si petits qu'ils ne
sont pas distincts à l'œil nu des granules ordinaires du sable, tandis que, examinés à la
loupe, ils présentent des formes déterminées
comme de véritables petites coquilles extrêmement variées, comparables, généralement, à
des sphères, à des disques, à des rondelles, à
de petits limaçons diversement repliés. Le
nombre de ces petites coquilles est si énorme

que fréquemment il l'emporte sur celui des menus débris auxquels elles se trouvent mêlées. — On a pu en compter plus de trois millions dans une seule once de sable.

La substance de ces petites coquilles est purement de carbonate de chaux. Elles sont à l'intérieur partagées en un grand nombre de cellules, dans lesquelles réside le petit animalcule de structure très-simple, sans cœur, sans vaisseaux, sans nerfs, sans muscles; — ne donnant d'autres signes de vie que des mouvements opérés au moyen de prolongements filiformes très-fins du corps, passant au travers d'un nombre correspondant de trous de la coquille. Ces animalcules prennent de ce caractère particulier le nom collectif de *Foraminifères* (1).

(1) Ce nom leur a été imposé, en 1835, par Alcide d'Orbigny; il a été adopté par MM. Férussac, Rang et les auteurs Anglais et Allemands, mais changé en Trématophores par M. Menke; en Polypodes, par M. Deshayes; en Symplectomères et en Rhysopodes par M. Dujardin. Par le fait du rayonnement de leurs filaments, la place des Foraminifères est, selon Alcide d'Orbigny, dans l'embranchement des animaux rayonnés de Cuvier, entre les Echinodermes et les Polypiers, comme classe intermédiaire et tout-à-fait indépendante. Le savant auteur du *Prodrome de Paléontologie stratigraphique universelle* a dressé, après vingt-quatre années d'observations, un tableau de l'ensemble de la classification de ces ani-

Je t'offre dans la figure 23 l'image agrandie 150 fois d'une espèce vivante des mers septentrionales.

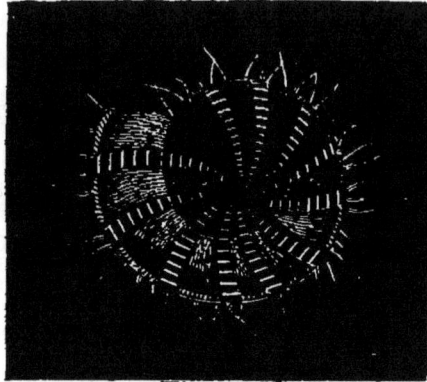

Fig 23.

Ces êtres très-curieux n'appartiennent pas exclusivement à la création actuelle ; ils étaient aux époques antérieures plus nombreux encore et aussi de dimensions plus considérables. Des couches immenses de pierres calcaires formant des collines et des montagnes ne ré-

maux microscopiques que des recherches ultérieures agrandiront encore et ne compléteront probablement jamais. Nous y voyons déjà six Ordres, dix Familles, renfermant quinze Sections et soixante-dix-sept Genres. Les terrains crétacés (craie blanche), les terrains tertiaires calcaires grossiers), en montrent des quantités immenses. — On ne sait rien encore des organes de nutrition et de reproduction des Foraminifères.

sultent pas d'autre chose que des dépouilles accumulées et cimentées d'un genre particulier de foraminifères — les *Nummulites* (1) — dont quelques-uns sont semblables pour les formes et les dimensions aux lentilles, — d'autres sont discoïdes (2) aplatis, en manière de pièce de monnaie, atteignant jusqu'au diamètre d'un sou. La plus colossale œuvre architectonique que l'art humain ait produite, — la plus grande pyramide d'Egypte, — est construite en pierre de cette nature; et on peut la considérer comme un prodigieux amas de Nummulites lenticulaires. Strabon en fut tellement frappé, qu'ignorant la nature de ces corpuscules, il se laissa tromper tout-à-fait par leur apparence, et les prit pour de véritables lentilles durcies, amassées pour la nourriture des ouvriers qui ont élevé ce monument célèbre. D'autres œuvres d'art grandioses, — colonnes, édifices, et même des villes entières comme Rouen et Paris. — sont bâties avec des matériaux de cette sorte entièrement consti-

(1) Suivant Lamarck ; et Nummulines, suivant Alcide d'Orbigny qui en a fait un genre de Foraminifères de la famille des Nautiloïdes, ordre des Hélicostègnes. Elles sont très-communes dans diverses couches des terrains secondaires et tertiaires, et furent d'abord nommées, à cause de leur forme, pierres lenticulaires.

(2) Du grec *diskos,* disque, et *éi dos,* forme.

tués de dépouilles de foraminifères. Un mètre cube de la pierre la plus commune dans les édifices de Paris, en contient non moins de 3,000,000,000 ; — c'est-à-dire un nombre trois fois supérieur à celui des hommes qui peuplent la vaste superficie du globe.

III. Je veux à présent te montrer un exemple encore plus étonnant de l'importance qu'ont les petits êtres dans la nature.

Ces polypes — dont je t'ai ébauché la conformation dans les lettres précédentes — sont rares dans les eaux douces, mais répandus à profusion dans celles de la mer. Un petit nombre vit libre et isolé , — la plupart sont agrégés par centaines, par millions d'individus, et voici de quelle manière. Ainsi que je te l'ai déjà dit, ces animalcules se composent essentiellement d'un sac de substance pulpeuse molle, entouré à son ouverture — qui est celle de sa bouche — de différents petits tentacules ou prolongements contractiles et extensibles, disposés comme les rayons d'une roue. La cavité de ce sac équivaut à celle du ventricule ou estomac des autres animaux. Imagine-toi à présent une multitude de polypes dans cette condition, — et j'étais sur le point de dire une multitude d'estomacs, — compris dans une enveloppe tégumentaire commune : tu auras

ainsi ce qu'on a coutume d'appeler une agrégation de polypes ou un *polypier*. L'humeur nutritive, le sang, circule non pas dans les vaisseaux propres, mais dans l'espace compris entre
l'estomac et l'enveloppe tégumentaire, — et dans
quelques espèces il pénètre jusque dans les
cavités des tentacules. Ce qui te doit surprendre
le plus, c'est que les cavités circulatoires de
chaque polype communiquent entre elles ; de
sorte que l'individualité dans ces animaux peut
se considérer comme limitée à un seul appareil
digestif, — le reste étant commun à tous les
autres membres du polypier. Un bon repas fait
par un polype tourne ainsi à l'avantage de ses
confrères, puisque le produit de sa digestion se
déverse dans le courant de la circulation générale.

Chez les polypes, la faculté reproductive, la
fécondité, arrive aussi à des proportions fabu-
leuses, et s'effectue par deux procédés différents :

1° Tantôt par la production de véritables
bourgeons ;

2° Tantôt par celle d'œufs, en parfaite analogie avec ce que tu as déjà remarqué dans les
plantes.

Les individus nés par gemmation restent le
plus souvent adhérents à la souche maternelle,

et par eux le polypier s'étend toujours davantage; — ceux qui résultent d'œufs, sont au
contraire libres dans leur première période de
développement, et — soit en nageant, soit
emportés par les ondes — ils vont ailleurs
établir de nouvelles colonies.

La fig. 24 représente un fragment de polypiers

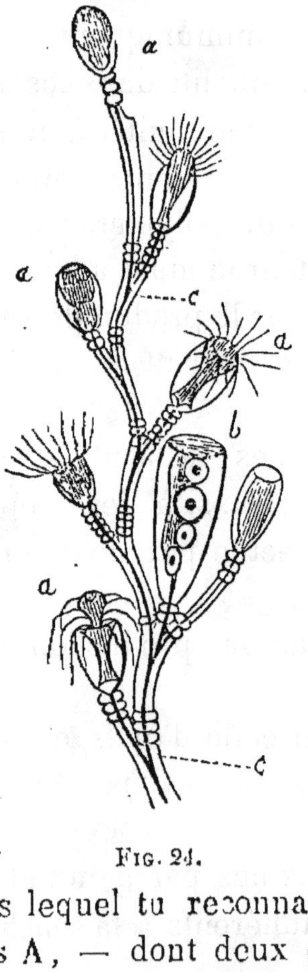

FIG. 24.

rameux, dans lequel tu reconnais très-bien :
Des polypes A, — dont deux ont les tenta-

cules retirés, — deux autres les tentacules développés;

Un cinquième polype B, est un individu femelle plein d'œufs;

Le fluide nutritif commun circule par un petit canal C, dans la partie centrale de chaque rameau.

Il est imposible que tu puisses te faire une dée juste de la variété infinie, — non-seulement dans la forme, dans le développement, dans les modifications organiques des polypes, — mais encore dans le mode de leur agrégation, et de la forme et de la nature du polypier. Il y a des polypiers mous, flexibles; — d'autres doués de la consistance de la corne; — d'autres, — et ce sont les plus nombreux, — ont la dureté de la pierre et sont formés de carbonate de chaux uni à une faible quantité de matière organique. Quant à la forme, — il en est de rameux, — d'autres qui affectent la forme du champignon, — quelques-uns ressemblent à un éventail : — ceux-ci sont formés de tubes parallèles, disposés l'un sur l'autre, par étages; — ceux-là apparaissent élégamment découpés en manière de dentelle; — on en voit aussi sous forme de grandes masses globuleuses régulièrement percées, ou avec des sillons tortueux et profonds, subdivisés verticalement par plusieurs lames internes. Tous les trous épars sur la superficie des poly-

piers sont les réceptacles des organes de chaque animalcule.

IV. Tu connais le corail ; — mais tu ne sais
rien sur cette précieuse substance sinon que
c'est une production de la mer. Le corail extrait
du sein des eaux, et remis à l'ouvrier qui le
polit et le travaille, a la configuration d'une
plante; ce qui a suffi pour le faire considérer
pendant plusieurs siècles comme une véritable
plante marine qui acquiert la dureté d'une pierre
par le contact de l'air. Le corail brut dont je te
donne la figure (Fig. 25) présente :

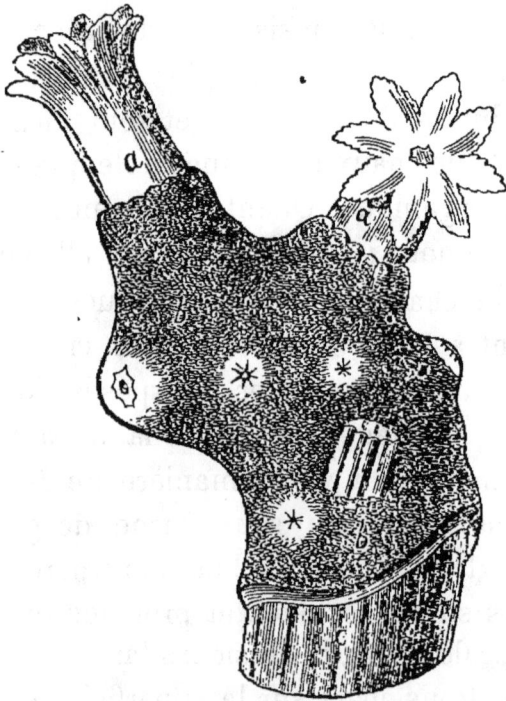

FIG. 25.

Une portion corticale B, parsemée de petits trous qui sont le siège des petits polyes A ;

Et une tige solide C, d'un rouge plus ou moins beau et intense, — ce qui a fait distinguer, dans le commerce du corail, le corail *écume de sang, fleur de sang, premier, deuxième, troisième sang.* — La Méditerranée possède exclusivement cette précieuse espèce de polypiers. On trouve aussi dans cette mer, — mais plus abondamment dans le Pacifique, — d'autres polypiers pierreux, souvent ramifiés comme le corail, très-différents de celui-ci, — non pas tant par leur couleur blanche que par le manque d'une partie corticale distincte de la tige ; — de sorte que les petits polypes sont véritablement nichés dans la substance pierreuse. — On nomme ces polypiers génériquement *coraux blancs,* ou de préférence *Madrépores.*

Dans les ouvrages de géographie, dans les récits des navigateurs, il est souvent question de grands bancs, d'îles, d'archipels entiers constitués seulement par des amas de madrépores. Le nombre des petits polypes qui concourent à ces formations est prodigieux incalculable, comme le nombre des étoiles — comme les grains de sable du désert. Des canaux, des détroits, des passages, autrefois

10*

accessibles aux navires cessent de l'être après
un certain laps de temps, à cause des polypiers
qui tendent continuellement, — non-seulement
à s'étendre en direction horizontale vers la
mer, — mais encore à se porter vers la surface des eaux. Par ce progrès vertical des polypiers, ils arrivent à opposer une résistance aux
ondes marines, qui y déposent de nouvelles
couches de sables et de débris de coquilles et
de polypiers, et concourent ainsi à produire de
nouvelles terres, dont le niveau reste naturellement peu élevé au-dessus du niveau de la
mer. Les courants marins, les vents, les oiseaux,
transportent ensuite sur ces nouvelles terres
des germes de plantes et d'animaux terrestres;
— les cocotiers s'y développent et y grandis-
sent en peu de temps, et l'homme lui-même
ne tarde pas à en prendre possession. Une circonstance singulière, inexplicable dans l'état
actuel de nos connaissances, mais rapportée
par des auteurs dignes de foi, nous apprend de
quelle manière ces nouvelles formations peuvent devenir un asile stable pour l'homme : —
c'est que si on y creuse des fossés de 5 ou 6
pieds, — et cela même à une faible distance
du rivage, — l'eau de la mer, en pénétrant à
travers ce filtre organique, perd sa salure et
devient potable.

Ces colonies de polypes doivent naturellement reposer sur une base solide préexistante
qui est un rocher sous-marin, — ou bien la
partie submergée d'un promontoire, d'une langue de terre, d'une île. Suivant leurs rapports
apparents avec ces bases et leur disposition
variée elles sont l'origine de trois formations
différentes, savoir :

1° Les côtes *madréporiques*, lorsqu'elles
partent du bord des terres émergées et en con-
tinuent la plage ;

2° Les *bancs* ou *digues*, lorsqu'elles sont
éloignées des bords, en suivent toujours les
contours, en laissant au milieu un canal qui
souvent peut donner passage aux navires.

3° Enfin les îles *Madréporiques*, ou les
Atolles, quand la base sur laquelle reposent
les polypiers est totalement submergée.

C'est une chose singulière en pareil cas que
la constante disposition annulaire ou cratéri-
forme des reliefs madréporiques, qui circon-
scrivent ainsi un espace entre lequel l'eau marine s'arrête et forme un étang salé.

Ces prodigieux amas de polypiers pierreux
ne sont pas également répandus dans toute
l'immensité de la mer, mais seulement dans la
zone comprise entre les 28e degrés parallèles de
latitude boréale et australe, où la température

moyenne des couches supérieures de l'eau est
d'environ de 27 à 29 degrés. Il est bon de
signaler leur rareté dans l'Atlantique où à
peine on en rencontre aux îles Bermudes; —
tandis que dans l'Océan Pacifique ils sont distribués à profusion autour des grandes îles
de Ceylan, de Nicobar, de Sumatra, de Java,
des Célèbes, de Timor; — des îles entières,
des archipels entiers, — comme les Maldives,
les Laquedives, les Carolines, les îles de la
Société, — en sont complètement formés.

En explorant la mer près des formations
madréporiques, les navigateurs ont reconnu
l'existence de polypiers pierreux même à de
grandes profondeurs, où, — par la forte pression de la masse d'eau qui est au-dessus, et à
cause de la basse température et du défaut de
lumière et de nourriture, — les polypes ne
pourraient pas vivre. Ce n'est donc pas à ces
profondeurs que les polypiers se sont formés;
ils y sont descendus par un abaissement gra-
duel, insensible, du terrain sur lequel ils reposent, par un mouvement semblable à celui dont
— en l'une des lettres précédentes, — je t'ai
donné un exemple, en te parlant des côtes de
la Scanie, et du temple de Sérapis, à Pouzzoles.

Le milieu où vivent les polypes et leur faculté

reproductive extraordinaire, sont des conditions qui favoriseraient l'extension illimitée de leurs colonies, si la nature n'y opposait pas l'action antagoniste d'autres espèces d'animaux. Les madrépores, en effet, — outre qu'ils sont incessamment percés et rongés en toutes les directions par une multitude de mollusques et de petites éponges qui y cherchent un refuge, — servent de pâture à d'innombrables légions d'Holothuries, d'une espèce (1) recherchée par

(1) C'est l'Holothurie Trépang *(Holothuria edulis)* du genre Thyone d'Oken. Célèbre depuis longtemps dans le commerce de l'Inde sous le nom de Trépang et de Suala que lui ont consacré les Malais, et de Priape marin que lui donnent les Européens, cette Holothurie est l'objet d'un immense commerce de toutes les îles indiennes de la Malaisie avec la Chine, le Camboge et la Cochinchine. Des milliers de jonques malaises sont armées chaque année pour la pêche de ce Zoophyte, et des navires anglais et américains se livrent eux-mêmes à la vente de cette denrée, généralement estimée chez tous les peuples polygames. (Lesson , *Centurie zoologie*). — Cette pêche, où il faut de la patience et de la dextérité, se fait avec des bambous adaptés les uns à la suite des autres, de façon à atteindre une longueur de cent pieds. L'extrémité est armée d'un crochet acéré. Lorsque l'eau est parfaitement calme, les malais interrogent ses profondeurs, et lorsqu'ils découvrent l'Holothurie adhérent aux coraux ou aux rescifs, ils laissent doucement descendre leur harpon et frappent presque toujours infailliblement leur victime, bien qu'il soit rare que celle-ci ait plus de trente-trois centimètres de longueur. M Lesson, qui a mangé de ce Zoophyte accommodé de plusieurs manières, ne trouve rien de particulier dans sa saveur.

les pêcheurs, et qui convenablement préparée fournit le *Trepang*, mets agréable et copieux, que les insulaires du Pacifique mangent avec plaisir. Quelques poissons comme les Scares et les Diodontes, pourvus d'un vigoureux appareil masticatoire, vivent par bandes au milieu des polypes et se nourrissent de leur substance. Non-seulement ces animaux contribuent à empêcher l'excessive extension des formations madréporiques, mais en réduisant en sable très-fin leur substance pierreuse, ils préparent des matériaux de transport que les ondes marines déposent de nouveau dans les madrépores, pour en remplir les vides, en consolider le merveilleux édifice et augmenter ainsi le terrain hors de l'eau.

« Or donc, apprends que Dieu a créé les plus petites choses, et a assigné à chacune sa propre destination ; que si elles ne nous paraissent pas nécessaires pour notre maison, par elles s'achève et s'accomplit ce monde, infiniment plus beau et plus grand que notre maison (1). »

(1) Saint Augustin.

FIN.

TABLE DES MATIÈRES.

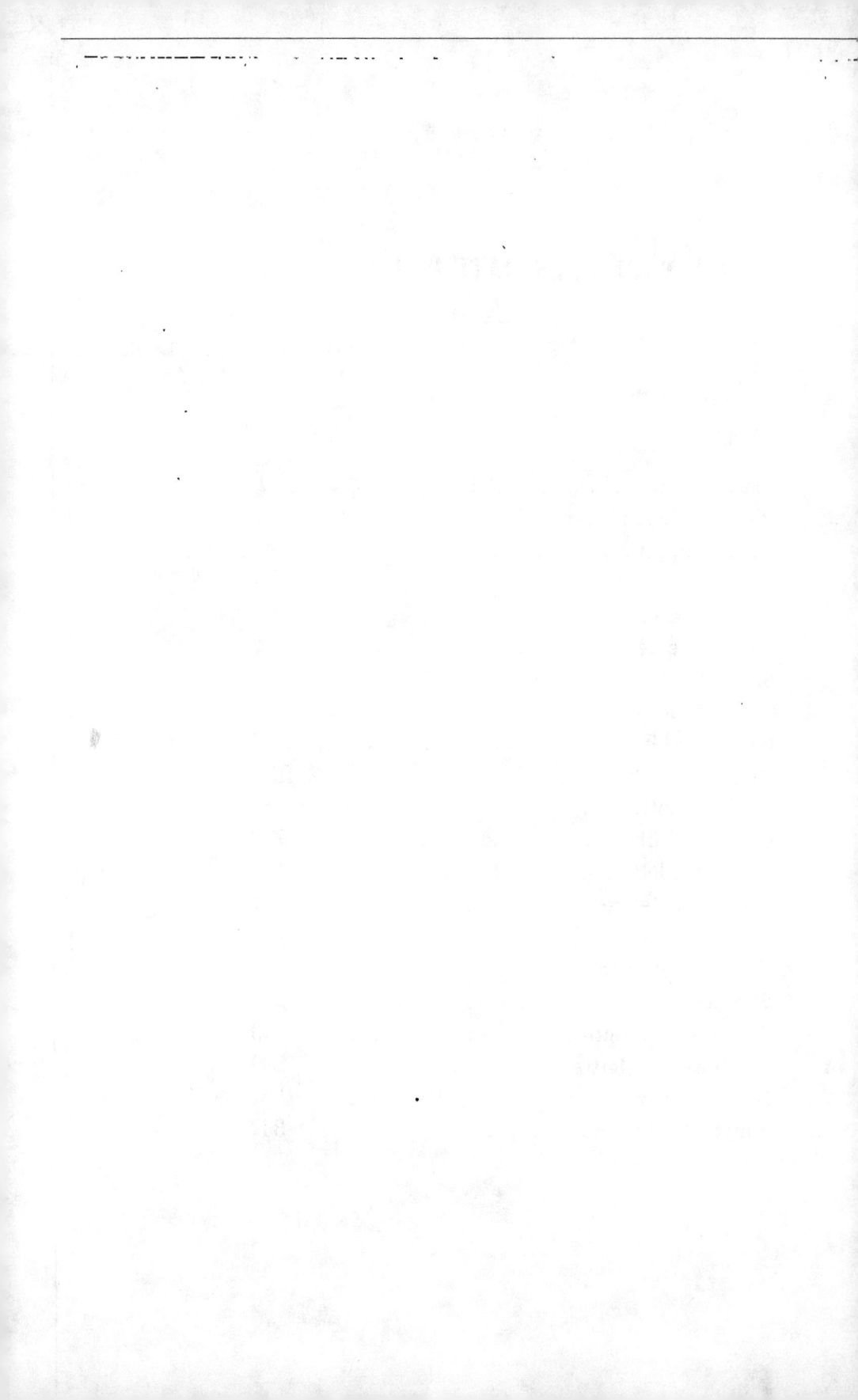

SOUS PRESSE :

SCÈNES DE L'HISTOIRE NATURELLE

PAR

M. PAUL LIOY,

Auteur de *la Vie dans l'Univers ;*

Traduites de l'Italien, sur la quatrième édition,

PAR

M. ARMAND POMMIER.

———

ᵇ·

DIVISION DE L'OUVRAGE.

I. Conservation de l'Individu. — II. Reproduction de l'Espèce. III. Fonctions de Relation.

———

Table générale de l'Ouvrage.

Conservation de l'Individu.

CHAPITRE PREMIER.

Le Règne Minéral ; ce qu'il est ; son importance ; ce qu'il représente ; etc.

Le Règne Végétal ; sa puissance envahissante ; rapports intimes entre le règne végétal et le règne animal ; diverses propriétés des plantes ; les parasites ; les vénéneuses ; leur utilité ; expériences de Richardson ; le Chloroforme et l'Ether remplacés par la fumée d'une espèce de lycoperdon : l'obscurité contraire aux plantes : pourquoi ; leur grande flexibilité organique ; leur température ; expériences de plusieurs physiologistes ; les plantes du nord ; des régions méridionales ; vie éphémère et rapide multiplication de certains végétaux : exemples ; longévité extraordinaire ; les arbres célèbres ; le Mûrier de Shakespeare et le Pasteur anglican ; les conifères ; leur grande élévation : exemples : proportions gigantesques de plusieurs familles.

CHAPITRE DEUXIÈME.

Le Règne animal; le monde microscopique; ses mystères et ses merveilles; Infusoires; Polypes; les Mollusques peintres et architectes.

CHAPITRE TROISIÈME.

Suite. — Les Insectes; c'est la classe la plus féconde en prodiges : nombreux exemples; leurs mœurs; leurs caractères; leurs métamorphoses; leur anatomie; les sociables; les communistes; les solitaires; les aquatiques; les terrestres; les aériens; les utiles; les vénéneux; les nuisibles; moyens de les combattre; Coléoptères carnivores dressés pour faire la guerre aux insectes nuisibles.

CHAPITRE QUATRIÈME.

Suite. — Détails curieux sur les Araignées; si l'on pourrait se servir de leur soie dans les filatures.

CHAPITRE CINQUIÈME.

Suite — Les Crustacés, généralement aquatiques; plusieurs font de longues excursions dans les terres; quelques-uns recherchent les cimetières; comment ils évitent les dangers qui les menacent.

CHAPITRE SIXIÈME.

Suite. — Les Poissons; leur voracité; particularités sur quelques espèces.

CHAPITRE SEPTIÈME.

Suite. — Les Batraciens; leur longévité; le Crapaud; sa sobriété; ses longs jeûnes; sa grande utilité; il est sociable et inoffensif; ses lieux de retire; comment il passe l'été; s'il faut croire aux pluies de crapauds.

CHAPITRE HUITIÈME.

Suite. — Les Reptiles; tous ne sont pas à redouter; Coulter, naturaliste Irlandais, se prend d'une grande amitié pour les sauriens: pourquoi il rapporte en Irlande des lézards et des couleuvres afin de les y propager; longueur et grosseur prodigieuses de quelques serpents d'Asie, d'Afrique et d'Amérique; leur organisation en harmonie parfaite avec leurs moyens d'existence:

loi de Cuvier ; corrélation des organes : exemples ; nombreux ennemis des serpents ; la Loxia indicator.

CHAPITRE NEUVIÈME.

Suite. — Les Oiseaux, le bec ; tel bec, telles mœurs ; exemples ; les instincts : exemples ; oiseaux adorés comme des dieux : explication de ce fétichisme ; le Brahamanisme et autres religions basées sur le théomorphisme ; l'Inde ; l'Egypte ; services rendus à l'homme par les vautours, les cigognes et les hirondelles.

CHAPITRE DIXIÈME.

Suite. — Les Mammifères vulgairement dits quadrupèdes ; pourquoi les carnivores vivent seuls et les herbivores en société ; mœurs ; instincts : exemples ; les Mammifères aquatiques ou cétacés ; quelles mers ils habitent.

CHAPITRE ONZIÈME.

Suite. — L'Homme ; rapproché du Singe ; pourquoi ; protestation ; L'*Homo sapiens* de Linné ; les philosophes Kant, Prichard, Hunter, Metzan se sont contentés de diviser les hommes en variétés ou races ; Jacquinot a constitué dans le genre homme trois espèces ; Virez deux ; Desmoulins onze ; Bory de Saint-Vincent quinze ; ces divers systèmes combattus comme contraires à l'unité et à la fraternité humaine ; excès odieux et ridicules où tombent ces systèmes : exemples ; Gnoti Seauton.

Reproduction de l'Espèce.

CHAPITRE PREMIER.

Dieu a mis dans les êtres créés une étincelle de la puissance créatrice ; chaque être n'est que le dépositaire de la vie ; il doit la transmettre à d'autres ; la vie est comme un feu dont les animaux sont les combustibles ; les ténèbres qui enveloppent les mystères de la puissance génératrice ne sont pas encore déchirées ; nombreuses hypothèses à ce sujet ; opinions des Atomistes ; de Démocrite ; d'Empédocle ; de Parménide ; d'Anaxagore ; Wolf et son école ; les Animistes ; Leeuwenhoeck et les Zoospermistes ; Maupertuis et sa Vénus physique ; Nudham ; Bonnet ; Baer ; Carus.

CHAPITRE DEUXIÈME.

Les minéraux ; modifications; Minéralogie statique et Minéralogie dynamique.

Les Végétaux ; ils ne sont point exclus des délices de l'amour ; définition de l'amour ; la corolle, le calice, les bractés, enveloppes des organes reproducteurs : la fécondation ; nectaires; à quoi ils servent; comment se reproduisent les Cryptogames et les Phanérogames; les sexes; coquetterie et ardeur des femelles; les mâles; orgasme des étamines ; du rôle des insectes dans la fécondation des fleurs ; histoire naturelle et sentimentale des palmiers d'Otrante et de Brindisi ; curieuses noces des plantes aquatiques; la feuille ; observations du professeur de Filippi ; l'ovule; graines ailées ; emplumées : exemples ; du rôle des plantes épineuses.

CHAPITRE TROISIÈME.

Similitude des petits êtres du règne animal avec les infiniment petits du règne végétal ; les Algues ; les Infusoires ; remarques du professeur de Filippi ; les plus petits animalcules sont habités par d'autres, lesquels ont aussi leurs parasites ; reproduction chez les animaux microscopiques ; exemples curieux ; hermaphroditisme ; reproduction chez les Annélides et les Vers ; de la génération spontanée ; Bremser ; réfutation ; transmission des vers intestinaux; nombreuses expériences sur le Tœnia ; polimorphisme des Helminthes ; opinions des savants contemporains.

CHAPITRE QUATRIÈME.

Admirables instincts de l'insecte tournés vers la reproduction ; quantité d'exemples ; une fécondation productive pour plusieurs générations consécutives ; l'accouplement ; moyens que possèdent les deux sexes de s'appeler et de s'attirer ; l'Horloge de la mort ; les larves aquatiques ; prévoyance des insectes pour leur progéniture ; héroïsme maternel ; les nourrices chez les abeilles, les guêpes, les fourmis ; sanglantes amours des araignées ; passion de la maternité poussée jusqu'à la mort : exemples touchants.

Fonctions de Relation.

11

CHAPITRE DEUXIÈME.

Les organes du mouvement et des sens chez les Infu-soires, les Annélides, les Mollusques; l'Argonaute; chez les Insectes; grande rapidité de leurs mouvements; les araignées susceptibles d'éducation.

CHAPITRE TROISIÈME.

Les divers organes chez les Poissons; leur agilité : exemples; chez les grenouilles, les Tortues, le Camé-léon, les Serpents; l'intelligence chez les Oiseaux : exemples; leur chant; le langage chez les animaux supérieurs; extrême finesse de l'ouïe des oiseaux noc-turnes; conformation de l'oreille; leur vol silencieux; l'odorat; la vue; les oiseaux myopes et presbytes à vo-lonté; comment; les migrations; sens inconnus; les oi-seaux astronomes; le vol; explication de son mécanisme; le vol chez les différentes espèces; les pattes; — les orga-nes chez les Mammifères; curieuses observations sur les Chauves-Souris; tous les Quadrupèdes sont susceptibles d'éducation et d'attachement à l'homme.

CONCLUSION,

EXTRAIT DU CATALOGUE

DE LA

LIBRAIRIE CENTRALE DES SCIENCES.

Rue de Seine, 13, Paris.

AMPÈRE, membre de l'Institut. *Essai sur la philosophie des sciences*, ou Exposition ana-lytique d'une classification naturelle de tou-tes les connaissances humaines. 1838-1843. 2 vol. in-8.   10 fr.

ARMENGAUD jeune. *L'Ouvrier mécanicien;* traité de mécanique pratique, donnant la so-

lution de diverses applications qui ont rapport à la mécanique pratique, etc. 5ᵉ édition,
1 vol, in-12 avec pl. 4 fr.

— *Formulaire de l'Ingénieur*. Carnet usuel des
architectes, agents-voyers, mécaniciens di-
recteurs et conducteurs de travaux. 1858.
1 vol. in-12, 4 fr. — Cartonné. 5 fr.

ARNAUDEAU, ingénieur civil, ancien élève
de l'Ecole polytechnique. Conférences sur les
principales *Difficultés des mathématiques
élémentaires,* suivies d'une Instruction sur
les règles à calcul. Br. in-4, avec fig. dans
le texte. 60 c.

BLONDEAU, professeur au lycée de Rodez.
De l'eau et de son emploi comme force motrice, comme combustible et comme matière
éclairante. 1857. Br. in-8, avec pl. 1. fr. 50

BONEL, *Histoire de la télégraphie*. Description des principaux appareils aériens et électriques. 1857. 1 vol. in-12, avec 47 fig. dans
le texte. 1 fr. 50

BRETON (DE CHAMP), ingénieur. *Traité du
nivellement,* comprenant la théorie et la pratique du nivellement ordinaire et des nivel-
lements expéditifs dits préparatoires ou de
reconnaissance. 1848. 1 volume in-8, avec
planches. 5 fr.

BRUK, capitaine du génie de Belgique, *Electricité ou Magnétisme du globe terrestre.*
Extrait d'études sur les principes des sciences physiques. Bruxelles, 1851-1858. 1ʳᵉ et 2ᵉ
parties. 3 vol. in-8, avec pl. 20 fr.
La 2ᵉ partie se vend séparément

CORNUCHÉ, ancien géomètre du cadastre.
Traité complet de *Géodésie pratique,* ou

l'Art de diviser les terres, précédé d'un Traité sur le calcul des surfaces planes, et suivi d'un Précis sur la cubature des solides, avec diverses applications sur le métrage des bois, etc. 1857. 1 vol. in-12, avec 115 pl.   3 fr. 50

DALLY. *Cinésiologie* ou *Science du mouvement* dans ses rapports avec l'éducation, l'hygiène et la thérapie. Etudes historiques, et pratiques. 1857. 1 beau volume. gr. in-8 de plus de 800 pages, avec fig.   16 fr.

Prouver que le mouvement est le phénomène essentiel fondamental de tous les actes vitaux ; que ce mouvement se produit sous l'influence des trois forces actives : l'électricité, la lumière et le calorique : montrer que selon les modifications de ces forces, l'organe ou sa fonction s'altère ou se répare : tel est le plan de la partie scientifique de cet ouvrage. Rechercher, à travers les âges, les traditions relatives aux applications pures du mouvement : démontrer l'existence non interrompue de ces procédés au traitement des maladies, chez tous les peuples et dans tous les temps : tel est le plan de la partie historique. — L'ouvrage est divisé en quatre parties : l'étude du mouvement dans les temps antérieurs à l'ère chrétienne; l'étude du mouvement dans les temps postérieurs à cette ère ; un recueil des formes de mouvement mises en pratique par l'Ecole médicale moderne ; enfin, le traité scientifique des formes de mouvement selon les doctrines de l'auteur, qui les présente comme le résumé des traditions des premiers âges de l'humanité.

DUMAS. *Etudes sur les inondations*. Causes et remède. Ouvrage couronné par l'Académie impériale des sciences de Bordeaux. 1857. 1 vol. in-8, avec planches.   4 fr. 50

FILIPPI (Le dʳ Ph. de), professeur à l'université de Turin. *Le déluge de Noë*, trad. par *M. Armand Pommier*. 1858. In-18.   50 c.

Beaune. — Imprimerie LAMBERT, Grand'Rue, 40.

NOUVELLES PUBLICATIONS.

—

Leçons élémentaires d'Electricité, ou exposition concise des principes généraux de l'électricité et de ses applications, par M. W. Snow Harris, membre de la Société royale de Londres; traduites et annotées par M. E. Garnault, ancien élève de l'Ecole normale, professeur de physique à l'Ecole navale de Brest. — Un beau volume grand in-18, avec 70 figures gravées sur bois, intercalées dans le texte................ 3 fr.

—

Le Déluge de Noé, par le doct^r Ph. de Filippi, professeur à l'Université de Turin, membre de l'Académie des Sciences, etc., etc.; traduit de l'italien par Armand Pommier. — Deuxième édition revue et augmentée, in-18......... 75 c.

—

Exposé des applications de l'électricité, par M. le vicomte Ch. du Moncel. — 1856-57. — 3 vol. in-8° avec planches.............. 26 fr.

—

Notice sur l'Appareil d'induction électrique de Ruhmkorff, et les expériences que l'on peut faire avec cet instrument, par le même. — 2e édition, 1857. — In-18 avec fig. 3 fr.

—

Biographie de l'abbé Nollet, par M. l'abbé Lecot. — In-8°................. 1 fr.

Beaune. — Imprimerie LAMBERT, Grand'Rue, 40.

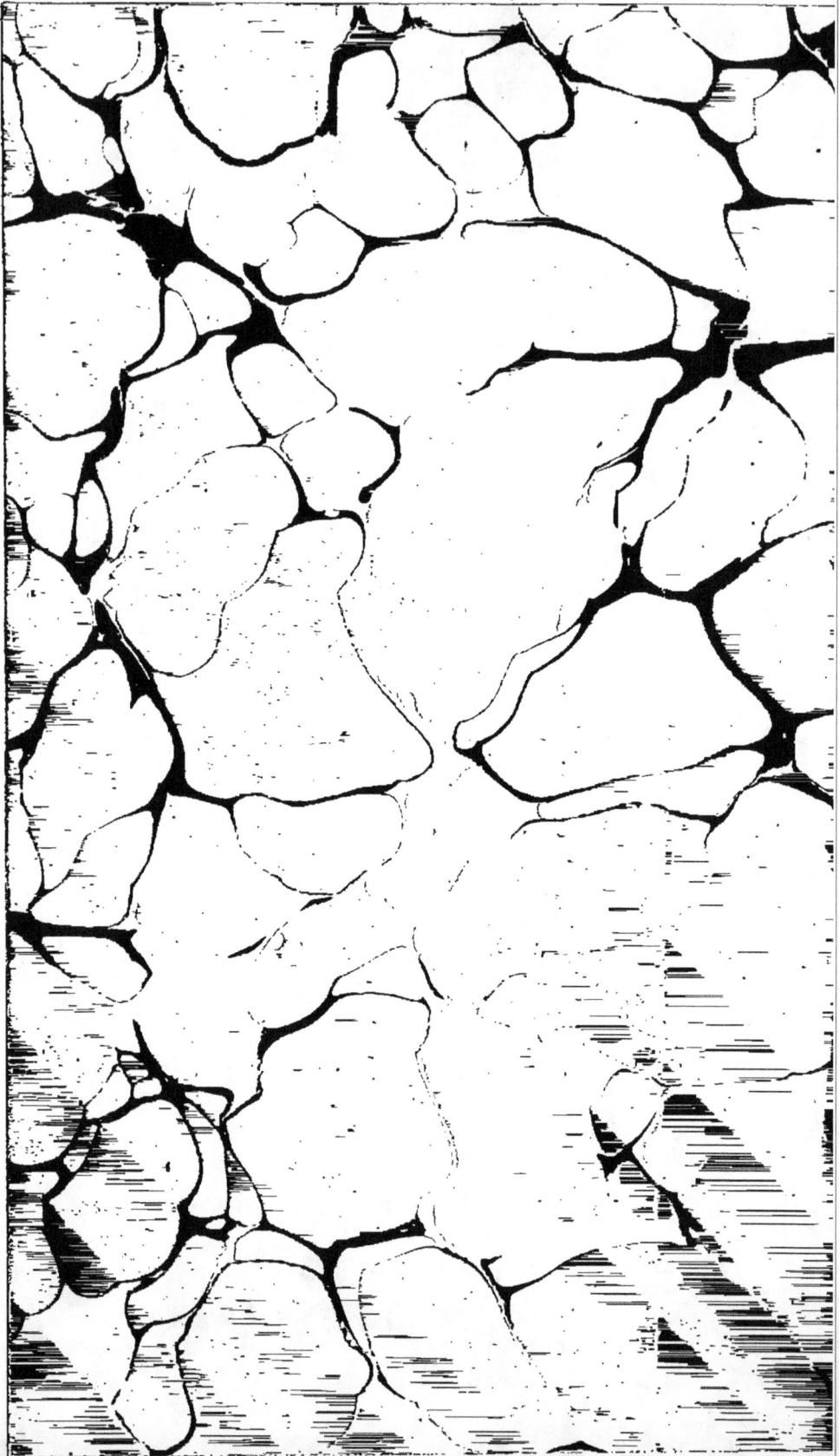

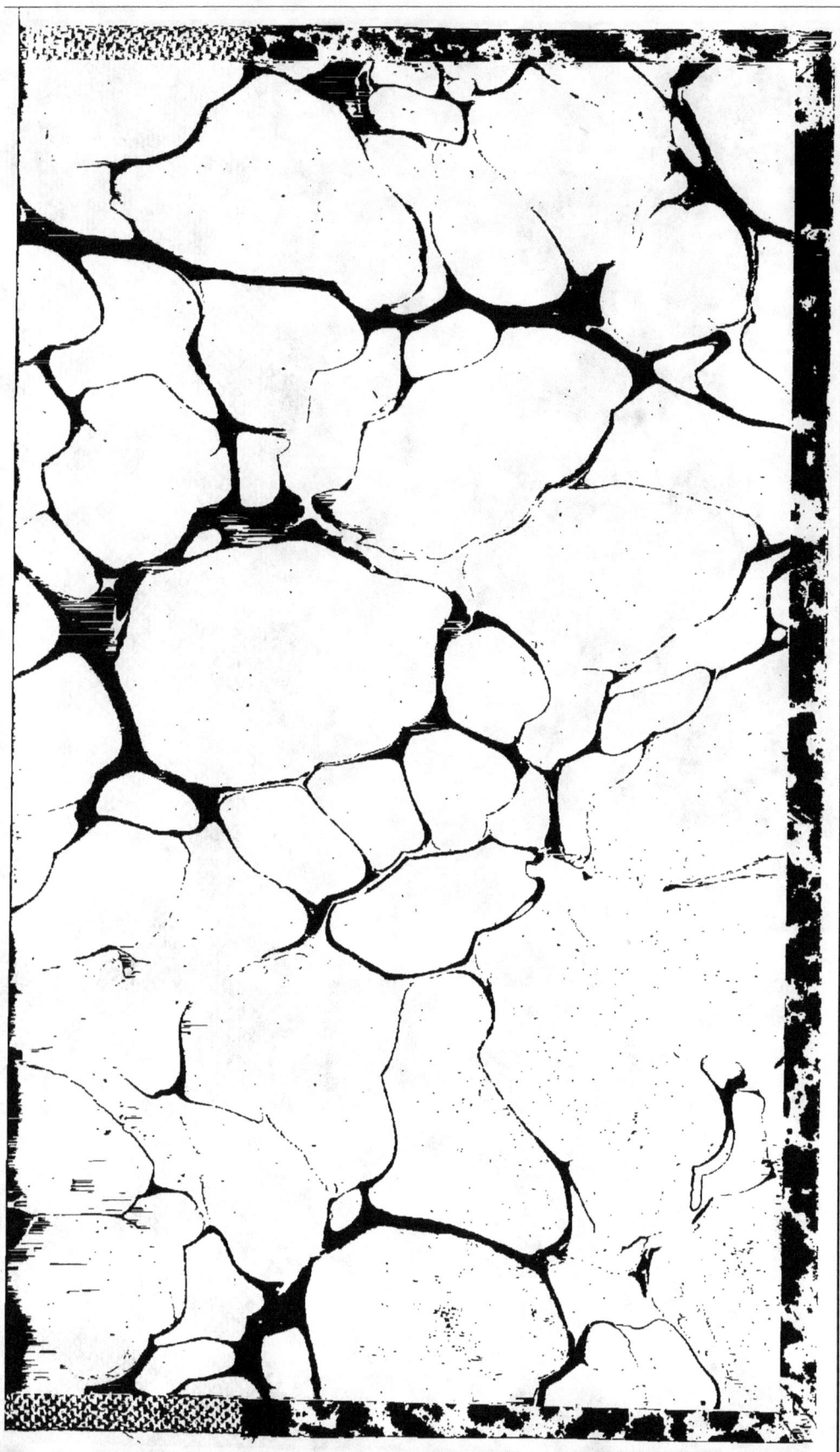

BIBLIOTHEQUE NATIONALE DE FRANCE

3 7531 04113570 9

www.ingramcontent.com/pod-product-compliance
Lightning Source LLC
Chambersburg PA
CBHW061109220326
41599CB00024B/3972

9 782019 570866